일본녹차 수업

일본녹차 수업

일본
녹차
수업

문기영 지음

이른아침

머리말

　세상에 있는 진짜 차는 모두 다 카멜리아 시넨시스Camellia sinensis라는 학명을 가진 차나무의 싹과 잎으로 만든 것이다. 녹차, 홍차, 우롱차, 황차, 백차, 흑차 등 소위 6대 다류라 불리는 것만이 진짜 차고 이들은 모두 다 차나무의 싹과 잎을 원료로 하되 가공방법만을 달리해서 만들었을 뿐이다.

　세계적으로 생산과 소비 측면에서 볼 때 홍차와 녹차가 거의 90% 가까이 차지한다. 대부분의 차 음용 국가에서 주로 마시는 차는 홍차다. 녹차는 중국, 일본, 베트남, 인도네시아 4개국에서 생산과 소비의 대부분을 차지한다. 최근 들어 유럽과 미국 등 기존 홍차 음용국에서도 녹차 음용이 늘어나고 있는 추세이긴 하다.

　일본은 차茶 생산량 측면에서 볼 때 세계 10위권이고, 1인당 음용량도 10위권인 차 강국이다.

일본에서 생산되는 대부분의 차는 녹차고 소비되는 차 역시 대부분은 녹차다. 진정한 녹차 강국이다.

일본녹차는 1906년 오카구라 덴신이 뉴욕에서 발간한『차의 책The book of tea』에서 소개한 '다도茶道'를 통해 오랫동안 서구에서 동양의 차를 대표하는 것으로 강한 인상을 남겨왔다.

우리나라에서도 일본녹차 하면 '다도', '맛차' 이런 이미지가 먼저 떠오른다. 하지만 현재 기준으로 보면 차를 마시는 문화로써 '다도'뿐만 아니라 마시는 차로서 '맛차' 역시 일본에서조차도 극히 일부 계층에 한정된 '문화'이자 '차'다.

일본인이 주로 마시는 녹차는 센차煎茶라는 것이고, 아주 다양한 일본 녹차 대부분이 이 센차에서 파생되었다고 볼 수 있다.

일본녹차 생산량의 거의 70%정도 차지하면서 일본에서는 녹차와 거의 동의어로 사용될 정도로 일반적인 센차는 1738년 나가타니 소엔永谷宗円이라는 역사적 실존인물에 의해서 발명되었다고 말해진다. 마시는 녹차에 불과한 센차가 중국이나 우리나라 녹차와 어떻게 다르기에 '발명'이라는 단어를 사용할까. 이에 대한 궁금함이 필자가 일본녹차를 본격적으로 공부하기 시작한 하나의 이유이기도 하다.

이 책 전前반부는 '센차'라는 녹차를 발명하기까지에 이르는 그 역사적 배경, 일본인의 차 맛에 대한 취향, 센차 가공법 등 다양한 요소를 다룬다. 매우 재미있고 흥미롭다.

3부에서는 센차 이외 반차, 교쿠로, 맛차, 호지차, 겐마이차, 가부세차, 구키차, 메차, 고나차, 다마료쿠차, 가루녹차 등 다양한 일본녹차를 대상으로 각각 만들어진 역사, 특징 등에 대해서 자세히 설명했다. 궁금하면 언제든지 펼쳐볼 수 있는 일본녹차 사전이라고 여겨도 무방할 것이다.

일본녹차는 대체로 물을 식혀 낮은 온도에서 우린다. 물 온도가 차의 맛과 향에 미치는 영향 그리고 왜 일본녹차는 낮은 온도에서 우려야 하는지, 우리나라 녹차도 낮은 온도에서 우리는 것이 맞는지에 대해서도 논리적으로 다뤘다.

같은 녹차이면서도 우리나라 녹차와 일본녹차는 여러 가지 면에서 차이점이 많다. 이 차이점이 무엇이고 그 이유가 무엇인지에 대해서도 아주 자세히 분석했다.

2010년 가을부터 홍차 공부를 시작했으니 벌써 10년이 지났다. 필자는 스스로를 '홍차 전문가'라고 소개한다. 필자가 생각하는 홍차 전문가는 '홍차를 제일 잘 안다'라는 의미와 '홍차를 통해 나머지 차를 이해 한다'는 두가지 의미를 가지고 있다. 6대 다류가 다 연결되어 있기 때문에 어느 한 가지만을 공부할 수도 없다.

이번에는 일본녹차 속에 들어가 일본녹차를 공부했다. 다양한 일본녹차의 맛과 향을 알아가면서 하는 공부는 내내 즐거웠고 일본녹차 공부를 통해 홍차를 더 깊게 이해하게 된 것도 덤으로 얻은 즐거움이었다. 얕고 넓게 아는 것의 장점도 있지만 필자에게는 깊게 아는 즐거움이 더 큰 것 같다. 차 공부는 항상 즐겁고 신난다. 독자들께서도 저와 함께 차 공부의 즐거움을 경험해 보시길 바란다.

올해 고2가 되는 규리는 여전히 아빠에게 무관심하다. 하지만 아빠가 쓴 홍차 책, 녹차 책을 언젠가 읽게 되리라는 기대는 긴장감과 함께 무한한 에너지가 된다. 고맙다. 사랑한다.

2022년 3월, 코로나 없는 세상을 꿈꾸며
문기영

차 례

1부
일본녹차 이해를 위하여

2부
새로운 녹차, 센차의 탄생

3부
일본녹차 종류

4부
한일 녹차의 비교와 일본녹차의 특이점

8장. 한국녹차와 일본녹차의 차이점과 그 이유 140

1부 일본녹차 이해를 위하여

1장
일본녹차개요

1. 일본녹차 이해를 위한 배경

일본녹차는 생산과 유통, 소비에서 우리나라뿐만 아니라 세계 다른 차 생산국의 차들과 차별되는 몇 가지 두드러진 특징이 있다.

1. 우리나라와 비교해 다양한 종류, 다양한 이름의 녹차가 생산·판매 된다.

2. 주요 차 생산국인 중국, 인도, 스리랑카, 케냐 등에서 채엽은 주로 손으로 한다. 점점 기계 채엽 비중이 늘어나는 추세이긴 하다. 반면 일본은 매우 오래전부터 거의 대부분 기계 채엽으로 전환했다.

3. 중국, 인도, 스리랑카, 케냐 같은 차 생산국에서도 차 가공 과정에서 유념기, 건조기 등 기계 사용 비중은 높다. 하지만 여전히 가공 과정 에 사람이 관여하는 부분도 많다. 일본은 채엽에서 건조 과정까지 사

람 손이 거의 필요 없을 정도로 자동화되어 있는 것이 차이점이다.

4. 일단 채엽된 찻잎은 가공 과정에서 버려지는 것 없이 어떤 형태의 녹차로든 만들어져 판매·음용된다.

5. 우리나라는 차 생산자가 자신의 브랜드로 판매까지 하는 경우가 많은 반면 일본은 차를 1차로 가공하는 생산자와 2차 가공해서 판매하는 판매자가 뚜렷이 구분된다. 따라서 생산자보다는 판매자(차 전문점이나 규모 큰 판매회사)의 블렌딩 제품이 최종 소비자에게 더 중요하다.

6. 차에서 맛과 향을 구분한다는 것은 실제로는 의미가 없지만 굳이 구별한다면 일본인은 향 보다는 맛 특히 감칠맛[우마미(旨味)]에 대한 선호가 뚜렷한 편이다. 이 점이 차나무 재배, 가공 과정, 우리는 방법 등 일본녹차 전반에 많은 영향을 미친다.

앞에서 언급한 일본녹차의 특징들은 뒤에 서술될 내용 곳곳에서 다양한 모습으로 다시 자세히 설명된다.

2. 일본녹차 현황

생산량과 재배 면적

일본 역시 홍차, 우롱차, 보이차 등 다양한 종류의 차를 생산하지만 생산량으로 보면 아주 미미하다. 대부분 녹차라고 보면 된다. 일본의 녹차 생산량은 지난 20년간 추세를 보면 다소 줄어드는 경향을 보인다. 하지만 2016년 기준으로 약 8만 톤을 생산하여 전 세계 국가별 차 생산량 기준으로 약 10위권에 드는 차 생산 강국이다. 일본 이외에 녹차를 많이 생산하는 나라는 중국, 베트남, 인도네시아로 사실 이 4개국이 녹차의 생산, 소비, 수출의 대부분을 차지한다.

일본 차 재배 면적은 약 11만 에이커로 우리나라의 7,000에이커 수준에 비하면 크지만, 스리랑카의 50만 에이커, 인도의 150만 에이커와 비교하면 매우 작은 편이다. 하지만 스리랑카 생산량이 32만 톤 수준인 것을 고려하면 단위면적당 일본의 생산량이 높다는 것을 알 수 있다. 더구나 스리랑카는 연중 생산하지만 일본은 겨울 동안은 생산하지 않는다는 것까지 염두에 두면 차이가 더 커진다. 일본 차 재배지가 비교적 평원 지역이며 이로 인해 차나무를 매우 조밀하게 심을 수 있는 것이 첫 번째 이유다. 일단 채엽된 것은 줄기로 만든 구키차나 찻잎가루로 만든 고나차 등으로 전부 남김없이 활용한다는 것이 아마 두 번째 이유일 것이다.

1인당 음용량과 음용 스타일

1인당 음용량은 2016년 기준으로 약 1킬로그램 정도로 세계 10위권이다. 우리가 흔히 하는 오해 중 하나가 일본인 대부분이 맛차抹茶를 주로 마신다고 생각하는 것이다. 뒤에 자세히 설명하겠지만 맛차는 생산량에서도 미미하고 일상에서보다는 다도 의식에서나 음용하는 매우 특별한 종류의 녹차다.

2017년 자료를 보면 가구당 녹차에 지출한 금액 중 약 65퍼센트가 RTD(Ready-to-drink의 약자로 유리병, 캔, 페트병 형태의 음료) 녹차를 구입하는 데 사용됐고 나머지가 우려먹는 잎차를 구매하는 데 지출됐다. 즉 이미 우려져 페트병 등에 담겨진 녹차를 마시는 비율이 높다는 것을 알 수 있다. 일본의 마트나 편의점에서는 수십 종류의 페트병 녹차가 판매되고 있는 것을 볼 수 있다. 차 또한 대중화되기 위해서는 마실 때의 편리함이 중요하다는 점을 알 수 있다. 우리나라에도 페트병에 든 녹차음료가 꾸준히 출시되고 있지만 쉽게 일반화되지는 않는 것 같다.

페트병에 담긴
다양한 녹차들

생산되는 녹차 종류

일본에서 생산되고 판매되는 녹차는 자세하게 나누면 수십 종류가 넘지만 가장 일반적인 분류방식으로 보더라도 12종 정도는 된다.

센차, 반차, 교쿠로, 맛차, 호지차, 겐마이차, 가부세차, 구키차, 메차, 고나차, 다마료쿠차, 가루녹차 등. 하지만 생산량으로 보면 센차가 70퍼센트, 반차 20퍼센트, 맛차 2퍼센트, 교쿠로 3퍼센트, 기타 5퍼센트 정도다. 비율로 보면 센차가 압도적이다. 반차 또한 크게 보면 센차에 포함시킬 수 있기 때문에 일본녹차는 대부분이 센차라고 볼 수도 있다. 게다가 교쿠로, 다마료쿠차 등도 가공법은 센차와 거의 같다. 사용하는 찻잎의 재배 과정이나 가공 과정의 일부 단계에서 차이가 있을 뿐이다. 실제로 일본에서는 엄격히 말하면 녹차의 한 종류인 센차를 그냥 녹차와 동의어로 사용하기도 한다. 따라서 센차를 제대로만 이해한다면 나머지 녹차 종류는 크게 어렵지 않다. 이런 이유로 이 책에서도 센차의 역사와 가공 방법 등에 많은 부분을 할애하고 있다.

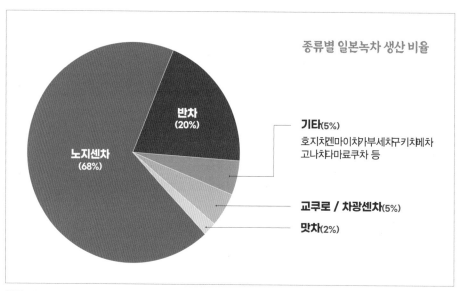

출처 : Japanese tea production by kind, data from Japanese Tea Instructor Association (2015)

3. 녹차 생산 지역

　일본의 녹차 생산지는 전체를 놓고 보면 서남쪽에 주로 위치한다. 시즈오카와 가고시마가 2대 생산지로 두 지역에서 전체 녹차의 약 70퍼센트 정도를 생산한다. 그 외 주요 생산지에는 미에, 교토, 후쿠오카, 미야자키, 구마모토, 사가 지역이 있다. 전체로 보면 센차 생산량이 압도적이지만 그래도 각 지역마다 다양한 종류의 녹차를 생산하면서 저마다 나름의 전통과 특색을 갖추고 있다.

주요 녹차 생산지. 시즈오카와 가고시마가 1, 2위를
차지하며 전체 생산량의 70%를 차지한다.

시즈오카

일본을 상징하는 사진으로 자주 등장하는 후지산의 앞 배경이 차밭일 경우가 많다. 이곳이 바로 시즈오카静岡다. 시즈오카는 도쿄 서남쪽에 위치하며 멀지 않은 북쪽에 후지산이 있다. 남쪽에는 스루가만을 접하고 있다.

차나무가 처음 심어진 것은 1240년대 초반 무렵이다. 온화하고 습도 높은 기후가 차나무 재배에 적합하여 이후 메이지 시대(1868~1912) 초기부터 수출 목적으로 차밭을 본격 개발했다. 주요 항구가 근처에 있는 것도 수출에 도움이 되었다. 차 생산의 이런 긴 역사로 인해 시즈오카는 수

시즈오카 북쪽에 후지산이 있다.

많은 개인 차농들이 여전히 주요 생산자로 남아 있다. 큰 차 회사들이 소유한 대규모 다원 위주인 가고시마와는 다른 점이다.

　일본 제1의 녹차 생산지로 일본녹차 40퍼센트 정도가 시즈오카에서 생산된다. 주로 센차를 생산하며, 증청 시간을 상대적으로 길게 한 후카무시센차深蒸煎茶 생산량이 많은 편이다(9장의 후카무시센차 참조). 시즈오카 녹차는 세계적으로도 오랫동안 일본녹차의 상징이었다.

　하지만 2011년 발생한 지진으로 후쿠시마 원자력발전소 방사능 누출 사건이 터지면서 이미지에 큰 타격을 입었다. 시즈오카는 후쿠시마 서남쪽 약 330킬로미터 부근에 위치하여 일본 차 생산지 중에서는 가장 인접한 곳이다.

가고시마

　일본 가장 남쪽에 있는 규슈에는 주요 차 생산지가 많다. 앞에서 언급한 미야자키, 구마모토, 후쿠오카, 사가현 등이 모두 규슈에 속해 있다. 이 중에서 규슈 제일 남쪽에 위치하며 생산량도 제일 많은 곳이 가고시마鹿兒島다. 화산 지역과 바다로 둘러싸여 있고 일본어로 '시라스 대지シラス臺地'로 알려진 화산재 토양이 덮고 있다. 일본에서 두 번째로 큰 차 생산지며 전체 생산량의 28퍼센트 정도를 차지한다. 다양한 종류의 센차를 주로 생산하며 지란知覽 지역이 가장 유명하다.

　가고시마에서는 14세기 초 처음으로 차나무 재배가 시작되었다. 메이지 시대 초기 시즈오카처럼 수출을 위해 생산량을 늘렸으나 낮은 품질로 인해 성공하지 못했다. 1975년경부터 본격적으로 녹차를 생산하기 시작했으나 낮은 인지도로 인해 국내외 시장에서 어려움을 겪었다. 그로 인해 다른 지역 녹차와 블렌딩해서 주로 판매되었으며 1990년 전후로 가고

가고시마는 기계화가 가장 앞선 지역이다.

시마라는 명칭을 전면에 내세워 본격 브랜드화를 시작했다.

가고시마 지역은 주로 큰 회사들이 다원을 소유하고 있어 일본에서 가장 현대화되었고 기계화가 앞서 있다. 축구장 수십 개 넓이의 평지 다원에서 트랙터처럼 생긴 움직이는 채엽기 여러 대가 줄지어 동시에 채엽하는 모습도 볼 수 있다. 방사능 문제로 시즈오카가 타격을 입는 동안 가고시마가 상대적으로 부각되기도 했다. 일본에서 신차新茶(햇차)를 가장 먼저 생산하는 곳이기도 하다.

미에

시즈오카 서쪽에 위치한 미에三重는 1, 2위 와 차이는 많이 나지만 굳이 순서로 말하자 면 일본에서 세 번째로 큰 차 생산지다(8.5퍼센 트). 센차와 교쿠로도 생산하지만 가부세차의 최대 생산지로 일본 전체 가부세차의 1/3이 미에에서 생산된다. 하지만 미에 녹차의 인지

미에 지역 녹차는 이세차로 판매되는 경우가 많다.

도는 낮은 편이라 다른 지역 차와 블렌딩해 판매하는 경우가 많다. 미에 녹차는 주로 이세차伊勢茶라는 이름으로 판매되는데 미에 녹차를 위한 하 나의 브랜드로 여겨진다.

이세차로 마케팅하는 이유도 낮은 인지도를 올리기 위해 이 지역의 유 명한 이세신궁伊勢神宮을 연상케 하려는 목적이 아닐까 생각한다. 이세신 궁은 일본 신궁의 원형이라고 알려져 있는 유명한 건축물이다.

미야자키

미야자키宮崎는 규슈 가고시마 동북쪽에 위치하며 주로 센차와 일부 교 쿠로를 생산한다. 미야자키 센차가 일본 최고 품질이라는 평가도 받는 다. 교쿠로 또한 독특한 특징이 있어 후쿠오카의 야메八女 지역이나 우지 宇治의 교쿠로 못지않다고 여기는 애호가도 많다. 일본 유일의 덖음 녹차 인 가마이리차는 주로 규수가 산지인데 그중 미야자키에서 생산되는 양 이 가장 많다. 일본녹차 4.5퍼센트 정도를 생산하며 미에에 이어 네 번째 로 큰 생산지다.

교토·우지

교토 지역 대표 차 생산지는 서남쪽에 위치한 우지宇治다. 교토 서북쪽 도가노오산栂尾山이 일본 최초의 차나무 재배지 중 하나로 오랫동안 명성을 떨쳤지만, 15세기 중엽에는 우지녹차가 일본녹차의 대명사가 된다. 차광재배법 역시 16세기 후반 우지에서 발명되었다. 뿐만 아니라 센차, 교쿠로, 맛차 등 다양한 일본녹차 종류가 우지에서 개발되었다. 여전히 우지에서 생산되는 녹차가 일본 최고 녹차로 평가 받는다. 맛차와 교쿠로의 최대 생산지이며, 맛차의 베이스차인 덴차碾茶 거래를 위한 옥션은 1974년부터 교토에서만 개최된다. 일본녹차 4퍼센트 정도를 생산한다.

후쿠오카

에이사이 선사가 남송에서 돌아와서 첫 번째로 차 씨앗을 심게 한 곳 중 하나가 후쿠오카福岡의 세부리背振산으로 알려져 있다. 가부세차와 교쿠로를 주로 생산한다. 야메가 후쿠오카의 가장 잘 알려진 지역이며 이곳에서 생산되는 교쿠로를 시즈쿠 교쿠로라고도 부르는데 생산량도 많고 풍성한 맛과 향으로 특히 유명하나. 시즈쿠しずく는 이슬방울을 의미하며 야부키타 품종과 사에미도리さえみどり(수정처럼 깨끗한 녹색이라는 의미) 품종으로 야메 지역에서 생산되는 교쿠로를 다른 지역에서 생산되는 교쿠로와 차별화 할 목적으로 사용하는 용어다.

구마모토

구마모토熊本는 규수 정중앙에 위치하며 동남쪽에 미야자키, 서남쪽에 가고시마, 서북쪽에 후쿠오카 등의 차 산지와 인접해 있다. 하지만 생산

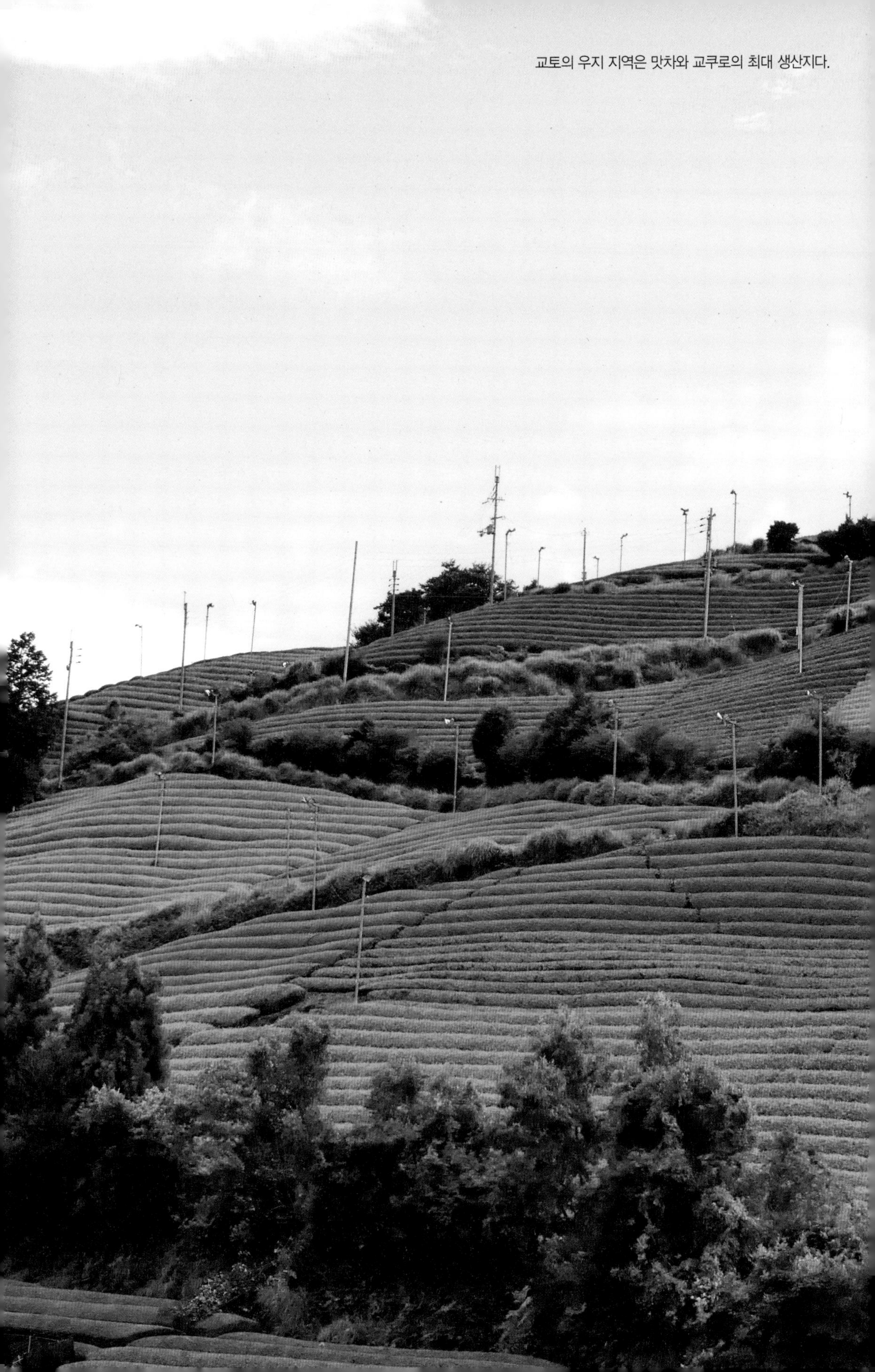

교토의 우지 지역은 맛차와 교쿠로의 최대 생산지다.

하는 차는 인접한 이들 지역과는 달리 아리아카해有明海를 가운데 두고 떨어져 있는 사가 지역과 함께 다마료쿠차玉綠茶가 주를 이룬다.

구마모토는 '사무라이 다도'로 알려진 '히고 고류肥後古流'의 탄생지로도 이름이 높다. 센노리큐千利休(1522~1591)가 통합 완성한 일본 다도에도 큰 영향을 미쳤다고 한다. 히고 고류는 동작이 아름다운 것으로 유명하다.

4. 재배되는 차나무 품종

현재 중국, 인도, 스리랑카, 케냐 등 전 세계 주요 차 생산국에서 재배되는 차나무 대부분은 인간이 새롭게 개발한 품종들이다. 맛과 향의 개선, 기후 변화나 해충에 대한 저항력 강화, 생산량 증대 등을 목적으로 개발한 것으로 영어로는 컬티바Cultivars(Cultivated Variety)라고 표현한다. 지금도 세계 각국의 차 연구소에서는 꾸준히 신품종이 개발되고 있다.

일본도 1953년 신품종 등록 시스템Japanese tea cultivars registration system을 만들었다. 1960년대 진후로 다양한 품종들이 개발되었으나 새로운 품종을 이식하고 재배하는 데 드는 초기 단계에서의 높은 비용으로 1970년대 중반이 되어서야 본격적으로 확산되기 시작했다.

컬티바는 씨앗이 아닌 복제Clonal 즉 삽목 방법을 사용한다. 봄에 새롭게 올라온 줄기와 잎을 함께 잘라서 묘목장에 심어 어느 정도 자라게 해서 차밭에 옮겨 심는 방식이다. 이렇게 해야 모품종 속성을 그대로 지닌 동일한 차나무가 되기 때문이다. 이것 역시 현재 전 세계에서 사용하는 방법이다.

시즈오카 같은 주요 차 생산지에서, 이전에 씨앗으로 심은 차나무를 복제를 통해 신품종으로 본격 교체하기 시작한 것도 1970년대 중반이며,

이 무렵 새로 만들어지는 차밭들도 대부분 이 방법을 채택했다.

현재 일본에는 약 60여 종의 등록된 차나무 품종이 있으며 일본 전체 차밭의 85퍼센트 정도에서 다양한 종류의 품종Cultivars들이 재배되고 있다.

이 중에서 많이 재배되는 품종이 유타카미도리ゆたかみどり, 사야마카오리さやまかおり, 가나야미도리かなやみどり, 오쿠미도리おくみどり, 야부키타やぶきた 등 다섯 종이며 특히 야부키타 품종은 일본 전체 차밭 75퍼센트 정도에서 재배될 정도로 압도적이다.

야부키타

야부키타 품종은 1953년에 정식 등록되었다. 스기야마 히코사부로杉山彦三郎(1857~1941)라는 시즈오카 차농이 개발한 것이다. 야부키타薮北는 '대나무 숲의 북쪽'이라는 뜻으로 이 품종을 개발한 땅 위치가 대나무 숲 북쪽에 있었기 때문에 붙여진 이름이다. 1960년대 후반부터 재배가 확산되기 시작했다.

야부키타 품종은 일본에서 재배되는 차나무의 75% 정도를 차지한다.

야부키타 품종의 장점은 맛과 향이 아주 뛰어나기보다는 안정적인 생산량, 다양한 기후 조건에의 적합성, 균형 잡힌 맛을 지니고 있기 때문이다. 일반 소비자의 기호에 맞는 무난한 녹차를 만들기에 적합한 품종이다. 따라서 일반 차농들 그리고 대규모 차밭을 가지고 있는 재배자들이 선호한다. 우리나라에서도 야부키타 품종이 많이 재배되고 있다. 반면 나름의 개성 있는 맛과 향을 가진 녹차를 생산하고자 하는 재배자는 다른 특징을 가지고 있는 다양한 품종을 재배한다.

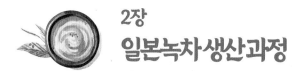

2장
일본녹차 생산과정

1. 아라차荒茶 생산: 1차 가공 과정

일본녹차 생산에서 매우 특이한 점은 과정이 1차 가공과 2차 가공으로 나뉜다는 것이다. 녹차 생산지는 채엽에서 시작해 마지막 단계라고 볼 수 있는 건조까지 마친 녹차로 가공하지만 이것이 상품화될 수 있는 완성품은 아니라는 측면에서 1차 가공이라 부를 수 있다. 이 점은 채엽부터 완제품까지 일괄하여 생산하는 우리나라 시스템과는 많이 다른 부분이다.

홍차든 우롱차든 차 종류에 관계없이 차 가공의 마지막 단계는 이물질 제거, 찻잎 크기별 분류 등 최종 상품화를 위해 맛과 향을 향상시키기는 과정이다. 일본녹차 1차 가공에서는 이 마지막 단계를 하지 않는다. 따라서 1차 가공 후의 녹차는 이물질도 들어 있을 수 있고 찻잎 크기도 균일하지 않고 생산 과정에서 생긴 부스러기 등도 포함되어 있다. 이 차를 아라차荒茶 즉 '거친 차'라고 부른다. 물론 아라차도 마실 수 있는 녹차다. 실제로 녹차를 생산한 차농들은 이 차를 마시기도 한다. 드물지만 판매도 한다. 하지만 맛과 향이 거칠 수밖에 없고 외형도 상품화 할 수 있는 수준이 아니라는 뜻이다.

이 아라차를 구입하는 측은 규모 큰 차회사라든지, 자신이 소유한 전문 판매점이나 브랜드를 가지고 있는 규모 큰 판매자들이다. 이들은 아라차를 생산한 차농들과 직접 거래도 하지만 주로 티 옥션Tea Auction을 통해 구입한다.

품질 좋은 차는 주로 봄에 생산되고 또 봄에는 서로가 바쁠 수밖에 없다. 따라서 아라차는 보통은 20킬로그램 단위로 진공 포장되어 섭씨 0~5도의 저온 창고에 보관된다. 대량으로 생산하는 생산자가 보관해두면서 천천히 판매할 수도 있고 대량으로 구입한 판매자나 차회사가 보관했다가 필요시 사용할 수도 있다. 진공 포장된 상태로 저온에서 보관하면 상당한 기간 품질을 최상으로 유지할 수 있다.

▼ 아라차는 1차 가공이 끝난 거친 차로
2차 가공을 거쳐 판매용 녹차가 된다.

 일본의 티 옥션

일본 티 옥션은 인도, 스리랑카, 케냐 등에서 주로 홍차를 거래하는 티 옥션과 진행 방식이 많이 다르다.

이들 국가 옥션센터에서는 정작 실물 홍차를 볼 수 없다. 판매될 홍차 샘플과 이에 대한 정보는 구매 예정자들에게 이미 사전에 제공되었기 때문이다. 옥션센터에서는 서로 경쟁에 의해 가격이 정해지고 이에 의해 구매자와 물량이 결정될 뿐이다. 홍차 옥션에 관해서는 필자의 『홍차수업 2』(글항아리, 2019)에 자세히 설명되어 있다.

반면 일본 티 옥션센터에서는 참가한 수많은 판매자가 자신들의 녹차를 진열해놓고 있다. 구매자는 이들 중 필요로 하거나 관심 있는 후보 아라차가 있으면 현장에서 즉시 시음해볼 수도 있다. 그리고 조건이 맞으면 바로 거래가 이루어진다.

아라차는 티 옥션을 통해 2차 가공자들에게 판매된다.

2. 기계 채엽의 의미

　2차 가공은 거친 상태의 아라차를 찻잎 크기에 따라 분류하고, 줄기도 따로 분리하고, 분류 과정에서 남는 아주 미세한 찻잎도 따로 분류한다. 또 필요한 경우 일정한 크기로 찻잎과 줄기를 잘라 외형을 균일하게 해서 품질을 향상시키는 과정이다. 아라차는 수분 함량이 다소 높은 5퍼센트 수준인데 이것을 추가적으로 건조하기도 한다. 그리고 가장 중요한 단계인 블렌딩 작업이 진행된다.

　일본녹차 생산이 이렇게 2단계로 나뉜 데는 여러 가지 원인이 있다. 사회가 발전할수록 각각의 영역이 전문화되는 추세다. 차 산업에서도 생산과 유통, 판매 단계가 전문화되는 것이 효율적일 것이다. 여기에 일본녹차 생산의 특징이라고 할 수 있는 기계 채엽 또한 매우 중요한 이유가 된다. 기계 채엽 기술은 다른 차 생산국들에 비해 일본이 가장 발달되어 있다. 매우 정밀한 기계로 채엽도 하고 또 일본 차밭도 기계 채엽을 위해 균일하게 가꾸어져 있다. 사진 등을 통해서 보면 일본 차밭이 아주 단정

일본 차밭은 기계 채엽에 용이하도록 규격화되고 질서 정연히 만들어진다.

하게 정리되어 있는데 이것은 정밀한 기계 채엽을 위한 매우 현실적인
이유 때문이다.

대부분의 차는 일상 음료다. 누구나 언제든지 부담 없이 마신다. 이런
차가 가격이 높아서는 안 된다. 가격이 비싸면 식품이든 음료든 일상적
으로 먹을 수 없다. 실제로 평균 가격으로 볼 때 차는 가격이 매우 낮은
음료다. 전 세계적으로 가장 많이 음용되는 차인 홍차는 티백 형태로는
우리나라 믹스커피보다도 훨씬 저렴한 편이다. 판매가가 낮으려면 생산
단가가 낮아야 한다. 결국 차를 가장 많이 생산하는 나라들은 상대적으
로 인건비가 저렴한 국가들이다. 중국, 인도, 케냐, 스리랑카 같은 주요
차 생산국을 보면 알 수 있다.

주요 차 생산국 중에서 일본은 이런 점에서 보면 매우 특이하다. 부유
한 나라이고 인건비 또한 높을 수밖에 없다는 점에서 그렇다. 따라서 일
본은 아주 오래전부터 채엽을 기계화하는 데 관심을 가졌다.

기계 채엽으로 전환

이미 1913년에 가위 형태의 채엽 도구가 발명되었디. 1961년에는 첫
번째 채엽기계가 발명되고, 1971년에는 현재 전 세계적으로 가장 많이
사용하는 2인용 채엽기계의 초기 모델이 발명된다.

그 후 지속적으로 기계의 성능은 개선되었지만 사람 손이 채엽하는 것
과 비할 수는 없다. 결국 기계로 하면 거친 잎과 줄기까지 같이 채엽될
수밖에 없게 된다. 이런 이유로 일본에서도 교쿠로와 맛차 같은 고급녹
차 중 최고등급은 여전히 손으로 채엽한다.

뿐만 아니라 일본은 어느 차 생산국보다 차 가공 단계에서도 기계화가
많이 진행되어 있다. 기계로 채엽된 찻잎을 가공 과정에서도 대부분 기

계로 진행하다보니 완성된 차의 섬세함과 정밀성이 떨어질 수밖에 없다.

2차 가공의 필요성

상품화하기 위해 최종 단계에서 섬세한 분류 작업이 필요하게 되는 까닭이다. 앞에서 언급한 일본녹차의 많은 종류가 이 분류 작업에서 나오게 된다. 예를 들면 생산자가 센차아라차를 가공했다면 이것을 구입한 규모 큰 판매자는 이 센차아라차를 고급센차, 반차, 메차, 구키차, 고나차 등으로 분류한다.

그런데 소규모 생산자나 개별 차농들 수준에서는 이 분류 작업을 하기도 어렵고 또 한다 하더라도 분류된 각각의 양이 많지 않아 상품화해서 팔기에는 적합하지 않다.

따라서 효율성과 규모의 경제 측면에서 취급량이 많은 대형 판매자가 아라차를 대량으로 구입해서 2차 가공을 할 수밖에 없다.

맛과 향의 균일성과 일관성

또 하나 중요한 이유는 상품화되어 판매되는 녹차의 맛과 향의 균일성과 일관성이다.

차는 종류에 관계없이 품질 변동성이 매우 높은 농산물이다. 그해 혹은 채엽 시기의 날씨, 채엽 방법, 위조, 살청, 산화, 건조 등 매 가공 과정에서의 불가피한 변수들로 인해 영향을 많이 받는다. 따라서 같은 다원, 같은 생산자가 생산해도 매일 매일 맛과 향이 다를 수 있다.

하지만 상품화되어 판매되는 차는 맛과 향에서 일관성과 균일성이 있어야 한다. 그래야 소비자들이 자신들이 선호하는 그 맛과 향을 가진 차를 기억하고 원할 때 구입해서 마실 수 있다. 이를 위해서는 블렌딩이 필요하다. 개별 1차 생산자는 생산량이 많지 않으므로 이런 점에서 불리하다. 반면 다양한 지역의 1차 생산자들로부터 다양한 특징과 품질을 가진 차를 구입하는 규모 큰 판매자들은 자신들 나름의 정해진 표준 맛과 향에 맞게 블렌딩하기가 용이하다. 블렌딩에 사용하는 차 종류가 많으면 어쩔 수 없이 일어날 수밖에 없는 변수를 통제하기 쉽기 때문이다.

대규모 판매처는 자신의 브랜드를 만들고 그 브랜드 녹차의 맛과 향을 항상 일정하게 유지한다. 소비자는 특정 판매처의 특정 브랜드가 입맛에 맞으면 이것을 구매하면 된다. 이는 오래전부터 이런 블렌딩을 통한 상품화가 잘 되어 있는 홍차 산업을 보면 알 수 있다.

홍차와 녹차, 2차 가공에서의 차이점

하지만 일본녹차의 2차 가공 과정과 홍차의 2차 가공 과정(에 해당하는)은 큰 차이가 있다. 홍차는 다원에서(일본의 1차 생산자에 해당) 이미 분류까지 마친 완성된 차를 생산하는 경우가 대부분이다. 따라서 (일본의 2차 가공에 해당된다고 볼 수 있는) 판매회사는 찻잎을 구매해서 그야밀로 블렌딩만 하는 경우가 많다.

반면 일본은 앞에서 이미 설명한 것처럼 완성되지 않은 아라차 상태로 구입해서 분류 작업을 먼저 하고 이후 블렌딩 작업을 한다. 따라서 일본의 2차 가공자는 홍차에서의 2차 가공자보다 맛과 향에 미치는 영향이 훨씬 더 크다고 볼 수 있다. 분류 단계에서부터 판매자 자신만의 맛과 향에 대한 철학이 반영되기 때문이다. 당연히 분류 단계에서 파생되는 다양한 종류의 녹차가 가지는 맛과 향에도 영향을 미친다. 이것이 일본녹차 가공 과정의 큰 특징이다.

교토의 유명한 차 판매점들

잇포도一保堂

1717년 교토에서 설립된 300여 년의 역사를 자랑하는 가족 기업이다. 전형적인 대형 판매점으로 아라차를 구입해서 분류하고 블렌딩 작업해서 판매한다. 매년 맛과 향에서 일관성 있는 차를 제공하는 것으로 유명하다. 도쿄에도 매장이 있고 해외 사업에도 일찍 눈 떠 뉴욕에도 지점이 있다. 온라인으로 차를 구입하기에 편리해서 필자가 자주 이용하는 브랜드다. 교토 본점 옆에 가보쿠嘉木라는 티샵도 운영하고 차 교육도 한다. 가보쿠는 육우의 『다경茶經』 첫 구절인 "차나무는 남쪽 지방에서 자라는 상서로운 나무다[茶者南方之嘉木也]"에서 따왔다고 한다.

고야마엔小山園

1704년경 고야마 구지로小山久次郎가 우지에서 차나무를 재배하여 차를 가공하면서 시작한 300년 이상 된 가족 기업이다. 현재도 여전히 다원을 운영하면서 차를 직접 생산하고 있다. 고급 호텔, 신사, 사찰 등에 차를 공급하며 일본에서 가장 유명한 차 회사 중 하나다. 특히 고품질 맛차로 유명하다. 우리나라에서도 고야마엔(소산원) 맛차를 어렵지 않게 만나볼 수 있다. 교토에 티샵과 차를 마실 수 있는 티하우스가 있다. 차 가격이 다소 비싼 게 흠이다.

이외에도 1854년에 설립된 나카무라 도키치中村藤吉, 1790년에 설립된 후쿠주엔福壽園 등이 교토에 근거지를 두고 있는 유명 차 브랜드들이다.

3. 아라차에서 판매용 녹차로: 2차 가공 과정

2차 가공의 가장 주된 단계는 아라차를 크기에 따라 분류하는 것이다. 지금은 대부분 기계로 하지만 최고급 녹차를 생산하는 곳은 여전히 체를 사용하기도 한다. 원리는 마찬가지니 여기서는 체를 사용하는 방법을 설명해보겠다.

2차 가공자는 보통 그물망 틈새 구멍의 크기가 다른 수십 개의 체를 가지고 있다. 아라차 품질 및 만들고자 하는 최종 차 품질과 종류를 고려하여 이 중에서 적당한 구멍 크기의 체를 필요한 수만큼 선택한다. 선택한 체들 중 구멍이 가장 큰 것에 아라차를 넣고 흔들면 큰 찻잎은 남고 작은 것은 아래로 빠진다. 그 다음 크기의 그물망으로, 그리고 그 다음으로 이 과정을 반복해서 필요한 횟수만큼 하면 처음 아라자는 크기에 따라 5개 혹은 7개의 무더기로 분리된다.

2차 가공 과정. 아라차는 그물망 크기가 다른 채를 통해 다양한 크기와 형태로 분류된다.

아라차 등급에 따라 파생 차 품질도 달라져

　아라차는 1차 가공한 거친 차이므로 센차든, 교쿠로든 모든 차는 일단은 아라차로 만들어진다. 교쿠로아라차, 센차아라차가 있다는 뜻이다. 2차 가공에서 센차아라차를 위에서 설명한 방법대로 체로 분류하면 고급 센차를 포함한 다양한 등급의 센차와 반차 등이 나온다. 뿐만 아니라 메차, 구키차, 고나차도 당연히 나온다. 교쿠로아라차 역시 고급 교쿠로를 포함한 다양한 등급의 교쿠로가 나오며 메차, 구키차, 고나차 등도 나온다. 뒤에 자세히 설명하겠지만 같은 메차, 구키차, 고나차라도 센차아라차에서 분리된 것인지 교쿠로아라차에서 분리된 것인지에 따라 품질도 달라지고 가격도 달라진다. 즉 아라차 품질에 따라 이에서 파생되는 차 품질도 좌우된다.

2차 가공과정을 통해 다양한 종류나 등급의 녹차가 분류된다.

다양한 아라차(센차든 교쿠로든)로 이 과정을 반복하면 규모 큰 판매자가 정한 나름의 기준에 의해 많은 양의 다양한 등급을 가진 센차, 반차, 메차, 구키차, 고나차가 만들어진다. 이 단계에서 센차면 센차끼리 블렌딩하고(물론 센차 내에서도 등급이 나뉘겠지만), 반차는 반차끼리 블렌딩하여 (대규모 판매자가 소유한) 해당 브랜드 특유의 맛과 향을 가진 상품화된 센차나 반차로 탄생하는 것이다. 메차, 구키차, 고나차 역시 마찬가지다.

2차 가공자(판매회사)는 맛과 향이 다른 아라차를 블렌딩해서 자신들만의 일관성 있는 제품을 매년 생산한다.

2차 가공자의 실력이 중요

따라서 아라차 품질 수준도 물론 중요하지만 위 과정을 거치면서 이 아라차를 분류하고 또 완성된 블렌딩 차로 만드는 대규모 판매자(2차 가공자)의 실력이 더 중요해진다. 그리고 판매자는 자신의 브랜드로 차를 판매한다. 소비자 역시 1차 가공자(의 차)보다는 최종적인 판매자(의 차)에 관심을 둔다.

지금까지 일본녹차의 생산에서 판매까지 큰 흐름을 일별해보았다. 다음은 일본녹차의 대표이자 모든 면에서 가장 중요한 센차에 대해서 알아보겠다.

언급되는 센차, 반차, 메차, 구키차, 고나차 등은 이 책 7장에 자세히 설명되어 있으니 궁금할 때 먼저 살펴보는 것도 좋을 것 같다.

2부

새로운 녹차, 센차의 탄생

3장
센차 탄생 배경

    센차煎茶는 일본녹차의 얼굴이다. 앞에서 언급한 대로 일본녹차 생산량의 70퍼센트가 센차이며 따지고 보면 반차는 품질 낮은 센차로 볼 수 있고 교쿠로는 품질 높은 센차로 볼 수 있다. 결국 센차가 일본녹차이며 일본녹차는 센차라고 봐도 무방하다. 그런데 일본녹차 역사에서는 1738년 나가타니 소엔永谷宗円(1681~1778)이라는 실존 인물이 센차 가공법을 발명했다고 되어 있다. 소엔이 발명한 가공법으로 만든 녹차를 센차라고 부르기 시작했다는 뜻이다.

    중국에서 처음 마시기 시작한 차의 역사는 수천 년 전으로 거슬러 올라간다. 물론 처음부터 오늘날의 녹차 형태로 마신 것은 아니다. 어쨌거나 중국이나 우리나라에서 사용하는 전통적인 녹차 가공법과 어떻게 다르기에 발명이라는 용어를 사용할까.

    그리고 센차는 한자로 전차煎茶라고 쓴다. 우려내는 차라는 단순한 뜻

이다. 새로 발명한 가공법으로 만든 녹차에 어떻게 보면 너무나 당연하
고도 단순한 '우리는 차'라는 이름을 붙인 이유는 또 무엇일까.

1. 일본 차 역사

일본 차 역사는 헤이안平安 시대(794~1185) 초기인 806년 무렵 당나라
를 방문한 승려들에 의해 시작되었다. 사이초最澄(767~822), 구카이空海
(774~835) 같은 승려들에 의해 당나라의 단차團茶를 가루 내어 끓이는 방
식이 전해졌다. 이후 상당 기간 천황을 포함한 최상류층에서 차가 유행
했지만 중국과의 교류가 단절되면서 차문화도 사라진다.

 # 견당사 遣唐使

630년에 1차로 파견된 견당사는 약 260년 동안 중국의 발달된 문물이나 기술, 제도 등을 일본에 도입했다. 사이초(最澄)나 구카이(空海)도 견당사의 일원으로 파견되었다. 894년 견 당사 제도가 폐지되면서 중국과의 교류가 오랫동안 단절된다.

견당사(일본 화폐박물관 소장)

일본의 다조茶祖, 에이사이 선사

많은 시간이 흐른 후 가마쿠라 막부(1185~
1333) 초기인 1191년 남송에서 선불교를 공
부하고 돌아온 묘안 에이사이明菴榮西 선사
(1141~1215)가 차 씨앗을 가져오면서 일본
차 역사는 새롭게 시작된다. 가져온 차 씨앗
을 몇 군데 나누어주면서 심게 했다. 그중 교
토 바로 서북쪽에 위치한 도가노오산에 있는
사찰인 고산사高山寺의 주지인 묘에明惠 스님
(1173~1232)이 재배한 차가 이후 유명해지게
된다.

에이사이 선사

에이사이 선사는 일본에 임제종을 전수하
면서 선불교의 확산을 가져왔다. 선불교 확
산과 함께 차 음용도 수도인 교토를 중심으
로 퍼지기 시작했다. 당시 가마쿠라 막부 쇼
군이 숙취로 고생하자 치료 목적으로 차를 대접하기도 했다. 이후에는
『끽다양생기喫茶養生記』라는 일본 최초의 다서를 쓴다. 여기에는 차의 효
능과 차나무 재배법, 차 가공법, 마시는 법 등이 포함되어 있다. 이런 이
유들로 에이사이 선사는 일본의 다조茶祖로 불리기도 한다.

에이사이 선사가 일본에 소개한 음용법은 당시 남송에서 유행하던 점
다법點茶法이었다. 이로 인해 가루 낸 차를 찻사발에 넣고 뜨거운 물을 부
어 휘저어서(격불) 거품을 내서 마시는 점다법이 오늘날 일본 맛차의 기원
이 되었다. 정작 중국에서는 명나라 초기, 황제인 주원장의 명령으로 단
차 생산이 중단되면서 점다법도 사라지기 시작했다. 이후 우려 마시는
포다법泡茶法이 유행하기 시작했고 그 전통이 현재까지 이어지고 있다.

분쇄한 녹차가루를 격불해서 마시는 맛차 음용방식은 일본 특유의 차문화로 발전했다.

    하지만 일본은 남송시대에 전해진 점다법을 일본 특유의 차문화로 발전시키게 된다.

    이리하여 가마쿠라 막부 초기, 에이사이 선사가 차와 음용법을 소개한 이후 오랫동안 일본에서 차를 마시는 주된 방법은 녹차 가루를 찻사발에 넣고 물을 부어 격불해서 마시는 소위 맛차 스타일이었다.

헤이안 시대와 가마쿠라 막부 시대

헤이안平安 시대는 아스카飛鳥, 나라奈良 다음에 오는 시대로 794년 현재 교토 지역에 헤이안쿄平安京라 불리는 도성을 건설하고 수도를 옮긴 때부터 미나모토노 요리토모源賴朝가 가마쿠라 막부를 개설한 1185년까지를 칭한다. 일본 고대의 마지막 시기다.

가마쿠라鎌倉는 요코하마 남쪽에 위치한 도시로 1333년 무로마치室町 막부가 들어서기 전까지 약 150년간 일본 정치의 중심지였다. 이 시대를 가마쿠라 막부 시대라고 부른다.

■ 일본의 주요 시대구분

시대명	연도
아스카시대	538~710년
나라 시대	710~794년
헤이안 시대	794~1185년
가마쿠라 시대	1180~1333년
무로마치 시대	1336~1573년
아즈치모모야마 시대	1573~1603년
에도 시대	1603~1867년
메이지 시대	1868~1912년

미나모토노 요리토모

2. 우려 마시는 법의 등장

15세기 들어서면서 남쪽 규슈 같은 곳에서는 중국과의 왕래도 빈번해졌으므로 차를 우려 마시는 법이 정확히 언제 전해졌는지는 알 수 없다. 하지만 일본차 역사에서는 중국에서 건너온 인겐隱元 선사(1592~1673)가 우려 마시는 법을 처음 소개했다고 되어 있다. 인겐 선사는 중국 선불교의 덕망 높은 승려로 일본 측의 간절한 요청으로 1654년 일본으로 건너오게 된다.

1661년 교토 근처에 있는 녹차 생산지로 유명한 우지에 중국식 사찰 만푸쿠사萬福寺를 설립하고 선불교 오바쿠슈黃檗宗를 연다. 고승이다 보니 따라온 중국 스님들과 식솔도 많았다. 이들이 일본에 살면서 중국식 잎차와 이를 우리는 법, 다양한 다구들을 처음으로 소개했다는 것이다. 인겐 선사가 일본에 온 시기는 청나라 초기이니 이 무렵 중국은 이미 우려 마시는 법이 일반화된 지 오랜 시간이 흐른 후였다.. 그리고 인겐 선사의 근거지가 된 우지가 교토와 인접한 곳이다 보니 영향력이 더 크게 작용했을 것이다.

인겐 선사와 승려 바이사오

우려 마시는 법을 일본에 알린 또 한 사람은 바이사오賣茶翁(1675~1763)라고 알려진 역시 황벽종파 스님이다. 일본은 이미 15세기 초기부터 교토 길거리에서는 낮은 품질의 맛차를 판매하는 행상이 등장했다.

바이사오는 18세기 초 교토 길거리에서 차를 우려서 판매했다. 에도시대(1603~1867) 전반기부터 절정을 이루면서 유행하기 시작한 다도의 형식성과 배타성이 싫어 우려 마시는 방법을 소개한 것이다. 당시만 해도

인겐 선사

바이사오

차는 여전히 (다도에서 마시는) 맛차를 의미하던 시절이었지만, 길거리에서 차를 우려서 판매함으로써 일반인에게 차를 마시는 새로운 방법을 알리고자 한 것이다.

3. 나가타니 소엔의 꿈

묘에 스님이 도가노오산에서 차나무 재배에 성공한 이후 오랫동안 도가노오산에서 생산되는 차는 일본 최고의 차로 여겨졌다. 차에 대한 수요가 점점 늘어나면서 교토 남쪽 우지 지역이 새로운 차 생산지로 등장해 15세기 중엽에는 도가노오를 거의 대체하게 된다. 16세기 중반 우지에서 일본 특유의 차나무 재배법인 차광재배법이 개발되어 맛차 품질은 더 높아졌다.

하지만 차광재배는 허가받은 사람만이 할 수 있었고 이로 인해 생산량 또한 적어 맛차는 상류층을 위한 음료가 될 수밖에 없었다. 우지에서 소량 생산된 맛차는 항아리에 담아서 공물차貢物茶로 에도에 보내졌다.

일반 서민들은 맛차를 생산하고 남은 다 자란 잎으로 만든 차를 우려 마셨다. 채엽되는 찻잎 품질이 나빴을 뿐만 아니라 차를 만드는 방법 또한 제대로 몰라(혹은 알려져 있지 않아) 만드는 사람에 따라 그 방법이 다양했다. 채엽한 찻잎을 증청도 하고 솥에서 덖기도 하고, 심지어 삶기도 했다고 한다. 유념 또한 만드는 사람에 따라 혹은 경우에 따라 하기도, 하지 않기도 했다. 유념 방법 또한 일관성이 없는 등 한마디로 차 가공법을 위한 가이드가 없었다. 주로 햇빛에서 건조해 당시의 찻잎 색상 또한 대체로 갈색이었다. 이런 상태가 18세기 초까지 지속되었다.

17세기 에도막부 시절, 우지에서 만든 덴차(맛차)를 에도로 보내는 과정을 그린 그림

교토에서 태어난 나가타니 소엔은 우지 근처에 살면서 일찍부터 차를 잘 알고 있었다. 하지만 차광재배를 허가 받지 못해 맛차는 만들 수 없었다. 이런 조건에서 소엔은 차광재배를 하지 않은 찻잎으로 지금보다 더 좋은 잎차를 만들 수 없을까를 고민했다. 차광재배하지 않은 찻잎으로 만든 고급 잎차에 대한 열망으로 15년간의 노력 끝에 마침내 오늘날 일본인이 센차라고 부르는 녹차를 탄생시킨 것이다.

나가타니 소엔

4장
센차가공법

1. 호이로의 탄생

나가타니 소엔이 새로운 녹차 개발을 시작할 당시의 잎차 만드는 법은 앞에서 언급한 것처럼 제각각이었다. 이런 조건에서 소엔은 살청 방법으로는 증청을 택했고, 채엽도 어린 잎 위주로 했다. 하지만 센차 가공법을 발명했다고 말할 수 있는 가장 독창적인 부분은 유념과 건조 방법이었다. 유념과 건조를 동시에 진행하기 위해 호이로焙炉라는 독특한 기구를 만들었기 때문이다. 호이로 구조는 간단하다. 우리가 일상에서 볼 수 있는 나무로 만든 식탁 같은 기구를 아래에 불을 지펴 뜨겁게 만든 것이다. 불이 직접 식탁에 닿는 것은 아니고 어떻게 보면 온돌 구조와 흡사하다. 뜨거운 온돌 위에 나무판을 놓은 형태다. 이 뜨거운 호이로 표면에 증청해서 축축해진 찻잎을 놓고 유념을 하면 건조가 동시에 진행될 수밖에

센차가공의 핵심 장치인 호이로, 현대기술이 적용된 모습.

없다. 우리나라 덖음 녹차 방식은 솥에서 처음 살청을 하고 찻잎을 덜어 내 옆에 있는 테이블 위에 놓인 표면이 거친 채반 같은 곳에서 유념을 한 다. 그리고 다시 솥으로 가져가 건조한다. 이렇게 유념대와 솥을 오가면 서 유념과 건조를 진행한다. 반면에 소엔이 개발한 뜨거운 나무판인 호 이로에서는 찻잎을 옮길 필요 없이 유념과 건조가 동시에 진행되었으며 찻잎 또한 아주 균일하게 건조되었다.

손 유념한 고급센차와 우린 후 엽저 모습. 고가로 아주 소량만 생산된다.

소엔이 개발한 새로운 녹차는 당시 다른 녹차와는 달리 녹색에 신선한 향이 나는 바늘 모양의 깔끔한 외형을 지니게 되었다. 이 찻잎으로 우린 수색은 황색에 가깝고 입안에서는 단맛, 쓴맛, 떫은맛의 조화가 느껴졌다. 이 방법을 청제전차제법靑製煎茶製法이라고도 불렀다.

2. 새로운 차에 대한 욕구

소엔이 1738년에 이 방법을 완성했고, 15년 정도 걸렸다고 하니 1723년 무렵 개발을 시작했다고 볼 수 있다. 바이사오 스님이 교토 길거리에서 품질 낮은 잎차를 우려 팔면서 우리는 법을 알리고 있을 때가 이 무렵이었다.

그럼에도 불구하고 교토는 오래된 도시로 매우 보수적이었다. 새로운 것을 받아들이는 것에 소극적이었고 차 역시 마찬가지였다.

소엔은 자신이 개발한 새로운 형태의 녹차 가치를 알아봐주기를 바라면서 상대적으로 자유로운 분위기인 에도로 갔다. 에도의 니혼바시에는 유명한 찻집 야마모토야마山本山가 있었다. 야마모토 가헤에山本嘉兵衛가 1690년 차와 종이를 파는 가게로 창업한 이곳은 48년이 지나 에도를 대표하는 유명한 찻집이 되어 있었다.

당시 주인이었던 야마모토 가헤에 4대는 소엔이 가져온 차를 맛본 뒤 그 독특함에 끌려 자신이 한번 팔아보겠다고 결심했고, 얼마 후에는 생산되는 모든 차를 구입하겠다고 약속했다. 에도 막부(1603~1867) 초기에 절정을 이룬 다도와 맛차 애호 문화도 18세기에 접어들면서 다소 시들해져 가고 있었다.

이 무렵 중국 문화가 활발히 전해졌는데 중국을 특히 동경했던 지식인들 사이에서는 중국 스타일의 우려 마시는 차에 대한 욕구가 강했다. 하지만 이들의 취향을 만족시킬 만한 고품질의 잎차가 없었다. 이 분위기를 알고 있었던 야마모토 가헤에는 소엔이 가져온 새로운 형태의 잎차가 지식인들의 욕구를 충족시킬 수 있을 것으로 판단했던 것이다.

센차도煎茶道

무사 계급은 여전히 맛차를 선호했지만 지식인 계층은 맛차를 마시는 경직되고 형식적인 다도 대신 자연스러운 차 즐기기를 더 선호했다. 이것이 센차도煎茶道로 발전하게 된다. 우리는 일본녹차라고 하면 맛차를 격불擊拂해서 마시는 다도茶道만을 생각하지만, 이처럼 우려서 마시는 센차도도 엄연히 존재한다. 인겐 선사가 설립한 우지에 있는 만푸쿠사가 센차도의 중심지다.

맛차 음용법인 다도뿐만 아니라 잎차(센차)를 우려마시는 방식인 센차도도 있다.

3. 나가타니 소엔이 발명한 센차 가공법

앞에서 말한 바와 같이 현재 일본녹차 생산은 거의 다 표준화된 기계로 하고 있다. 하지만 소량 생산되는 최고급 녹차를 위해서는 여전히 수작업 방식을 사용한다. 그리고 표준화된 생산기계도 결국 수작업을 모델로 해서 만든 것이다. 따라서 수작업은 여전히 중요하고 이런 이유로 손으로 만든 센차 품질을 평가하는 경연대회가 일본에서는 정기적으로 열리고 있다.

오늘날 센차 가공법이 300년 전 소엔이 발명한 그것과 똑같지는 않겠지만 개념은 기본적으로 동일하다. 차를 이해하기 위해서는 차가 만들어지는 가공 과정에 대한 지식이 꼭 필요하다. 가공 과정에 대한 이해가 있어야지만 동일한 녹차(홍차, 우롱차)의 맛과 향이 달라지는 원인에 대한 추정이 어느 정도 가능하기 때문이다. 이런 이유로 전작인『홍차 수업』에서 홍차의 가공 과정에 대해 매우 자세히 설명했고, 홍차 이외의 차에 대해서도 대략적이나마 정리했다.

여기서도 마찬가지로 일본녹차의 기본이 되는 센차가 어떻게 만들어지는지에 대해 가능한 자세히 설명하도록 하겠다. 2015년 시즈오카에서 열린 센차 품질 경연대회를 참고했다.

준비

호이로는 가로 세로가 조금 작은 당구대 모양이라고 보면 된다. 호이로 밑면에는 열을 공급하기 위한 장치가 되어 있고 가스통이 있다. 물론 상황에 따라서 숯불, 전기를 사용할 수 있다.

호이로에서 유념과 건조를 동시에 진행하면서 센차를 만드는 모습

조탄助炭이라고 불리는 두꺼운 종이를 둘레에 턱이 있는 당구대 모양의 호이로 위 전체에 깔고 아주 단단하게 고정한다. 이때 호이로의 표면은 섭씨 110도까지 온도를 올린 상태다.

하부루이

증청 과정을 거친 뒤라 수분을 잔뜩 머금고 뒤엉켜 있는 찻잎 2.4킬로 그램을 호이로 위에 쏟아 놓는다.

이 찻잎 무더기를 세 사람(이 경연대회의 한 팀 인원이 3명이다) 각자가 적당량을 들어 올렸다가 흔들면서 뜨거운 호이로에 떨어뜨리는 동작을 반복한다. 호이로 표면이 뜨거우므로 찻잎이 떨어져 호이로에 놓여 있는 동안은 건조가 진행된다. 하부루이葉ぶるい라고 불리는 이 단계는 찻잎의 수분 함량을 낮추고 엉킨 찻잎을 풀어헤쳐 다음 단계인 유념을 효과적으로 하고자 하는 목적이다. 30~50분 정도 이 과정을 지속하면 찻잎 무게가 처음보다 30퍼센트 정도 줄어든다. 그 만큼 수분이 제거된 것이다. 엉켜져 있던 찻잎 또한 대부분은 떨어져 찻잎 하나하나가 어느 정도 분리된 상태가 된다.

하부루이. 증청과정을 지나면서 수분을 머금고 뒤엉킨 찻잎을 풀어주면서 수분을 어느 정도 날려 보낸다.

가이텐모미

이제 찻잎을 호이로 한가운데로 모은다. 호이로 긴 면 양쪽에 한 사람씩 서서 두 사람이 호이로를 가운데 두고 마주 본다. 그 상태에서 허리를 굽혀 호이로 가운데 모인 찻잎을 손으로 움켜잡고 두 사람이 동시에 좌우 같은 방향으로 수평으로 굴리면서 왕복시킨다(손 네 개가 붙어서 거의 같이 움직인다고 보면 된다). 두 사람은 무릎을 살짝 구부리고 상체의 힘을 이용해 동시에 좌우로 리듬 있게 찻잎을 굴린다. 이 단계는 동작을 그대로 반영해서 가이텐모미回轉揉み(회전 유념)라고 부른다. 혹은 옆으로 굴린다고 하여 요코마쿠리橫まくり라고 부르기도 한다. 찻잎 더미를 좌우로 굴리듯 왕복시켜 점점 바늘 모양으로 형태를 잡아주는 목적도 있지만 개별 찻잎

가이텐모미. 찻잎에 상처를 내서 잘 우러나게 하고, 형태를 잡으면서 부피를 줄여주는 과정이다.

의 수분이 골고루 분포되게끔 하는 목적도 있다. 앞 하부루이 단계에서의 수분 증발은 찻잎 속보다는 주로 바깥에서 일어났을 것이다. 따라서개별 찻잎의 수분 분포를 균등하게 해서 찻잎 전체를 골고루 건조시키고자 하는 것이다. 이 과정이 잘 되어야만 차의 품질이 좋아진다. 가이텐모미에서 찻잎에 가하는 힘을 조절해 전반부는 부드럽게 하고 후반부로 갈수록 압력을 상당히 높인다. 이로써 찻잎 세포막이 파괴되고 찻잎 내 성분들도 상호 반응을 일으켜 맛과 향이 점점 좋아진다.

나카아게 및 다마토키

40~50분 정도 걸리는 가이텐모미 단계를 지나면서 찻잎은 서로 단단히 뭉쳐지고 동시에 호이로로부터 열기를 계속 받았기 때문에 찻잎의 온도도 올라간 상태다. 이 찻잎 덩어리를 외부로 끄집어내 식히면서 동시에 뭉쳐진 찻잎을 손으로 일일이 풀어주게 된다. 이 단계를 일본어로 각각 나카아게中上げ와 다마토키玉解き라고 부른다.

다마토키. 가이텐모미 과정에서 엉킨 찻잎을 풀어준다.

그 사이 다른 사람은 찻잎에서 빠져나온 즙으로 지저분해진 호이로(조탄)를 깨끗이 청소한다. 풀어헤쳐지는 찻잎은 길쭉한 모습을 띠면서 짧고 힘없고 가는 국수발처럼 보인다.

모미키리

다시 호이로 위에 놓여진 힘없고 가는 국수발 모양의 찻잎을 한 움큼 가슴 앞쪽으로 들어올려 두 손바닥 사이에 놓고 (용서를 구할 때의 모습처럼) 비빈다. 모미키리揉切り 단계다. 언뜻 보면 첫 번째 단계인 하부루이와 비슷하다. 하지만 하부루이는 찻잎을 들어 올려 털면서 떨어뜨리는 단순한 동작이었다면 모미키리는 양 손바닥 사이에서 비비면서 떨어뜨린다는 점에서 차이가 있다. 가이텐모미가 첫 번째 유념이라면 모미키리는 두 번째 유념이라고 볼 수 있다. 모미키리를 통해 찻잎은 점점 더 단단히 말려진다. 주목해야 할 점은 이러면서 찻잎은 점점 더 건조되어 가고 있다는 점이다. 손으로 비비는 순간 말고는 찻잎은 뜨거운 호이로 위에 놓여 있게 되고 이 시간 동안 지속적으로 수분이 날아가는 것이다.

1시간 30분 정도 소요되는 모미키리 단계를 지나면 힘없는 국수발 같은 찻잎은 상당히 건조가 진행되고 따라서 이제는 어느 정도 힘 있는 바늘 모양으로 변해 있다.

덴구리모미

어느 정도 단단해진 바늘 모양 찻잎을 호이로 위에 둔 채 두 손에 가득 그러나 가볍게 들면서 살짝 살짝 비벼주는 단계로 덴구리모미でんぐり揉み라고 한다. 한 번은 왼손을 아래에 두고 오른손으로 누르면서 비비고 다음은 오른손을 아래에 두고 왼손으로 누르면서 비비는 동작을 반복한다. 좀 더 바늘 모양 가깝게 만드는 과정이지만 이 과정을 지나면서 찻잎은 점점 짙은 녹색으로 변해가고 광택도 나기 시작한다. 향도 점점 더 좋아진다.

모미키리. 일본녹차가 바늘 모양 외형을 가지게 되는 핵심단계이다.

고쿠리

　다음은 고쿠리こくり라고 불리는 가벼운 유념 단계이자 마지막 유념이라고도 볼 수 있다. 덴구리모미 과정을 지나면서 거의 완성된 단계가 된 바늘 모양 찻잎을 찻잎 길이 방향으로 양손에 한줌 가득 쥐고(손에 바늘 수백 개를 쥔다고 생각하면 어떻게 쥔 것인지 상상할 수 있을 것이다) 부드럽게 적당히 힘을 주면서 비빈다고 할 수도 있고 꽉 쥐었다가 놓는다고도 할 수 있는 동작을 반복한다. 찻잎 전체를 균일한 바늘 모양으로 가다듬는 단계다. 하지만 언뜻 보면 앞 단계인 덴구리모미와 비슷해 보이기도 한다. 이 고쿠리 과정은 지역마다 조금씩 다르다. 설명한 것은 가장 일반적인 동작이다.

　고쿠리 과정뿐만 아니라 유념 과정은 지역이나 소속 단체에 따라 조금씩 다르다. 특히 교토 근방과 우지 지역에서만 행해지는 바늘 모양으로 만드는 유념 방법은 알아둬야 한다. 호이로 한쪽 가장자리 턱에 나무판을 경사지게 놓고는 찻잎 한 더미를 마치 빨래판에 옷을 비비듯이 위 아래로 비비는 동작이다. 이 방법이 중요한 것은 뒤에 설명할 기계 생산에서 바늘 모양으로 만드는 과정이 이 동작을 그대로 응용했기 때문이다.

모미키리 방법 외 바늘모양으로 만드는 동작(좌). 기계가공에는 이 방법을 응용했다. / 고쿠리(우)

건조 과정

　마지막 단계인 건조다. 지금까지의 과정을 거쳐 오면서 찻잎은 거의 다 건조되었다고 볼 수 있다. 따라서 일종의 마무리 건조라고 보면 된다. 완성된 찻잎을 호이로 위에 얇고 넓게 펼친다. 펼쳐진 찻잎 중간 부분에 지름 5센티미터 정도의 구멍 두 개를 만든다. 열기를 분산시켜 찻잎이 타지 않게 하려는 목적이다. 이 단계에서는 호이로 온도도 70도 정도로 낮춘다. 건조 시간은 30분 정도다. 이렇게 해서 전체 가공 시간이 약 4시간에서 4시간 30분 정도 걸린다.

　이것이 1738년 나가타니 소엔이 발명한 센차 가공법이다. 시간이 흐르면서 부분적으로야 변하기도 하고 개선도 되었겠지만, 호이로 중심으로 가공이 진행된다는 점에서는 거의 동일하다.

호이로에서 건조하는 모습

4. 우리나라 녹차 가공법과의 차이점

우리나라 녹차 가공 과정과 비교해보면 시간도 더 많이 소요될 뿐만 아니라 과정도 다소 복잡해 보인다.

크게 보면 두 가지 차이점으로 인한 것이다. 하나는 외형이다. 바늘 모양 찻잎은 다소 인위적이다. 식물인 차나무 잎은 손으로 주물러서 비틀어(유념을 풀어서 설명한 동작) 가느다랗게 말린 형태로 만든다고 해도 속성상 직선이 되기는 어렵다. 우리나라 녹차처럼 약간 비틀려 굽은 형태로 되는 것이 자연스럽다. 이것을 직선에 가까운 바늘 모양으로 만들기 위해서는 추가적인 노력과 시간이 소요될 수밖에 없다. 또 하나는 건조다. 차를 가공하는 과정은 기본적으로 찻잎 속 수분을 날려 보내는 과정이라고도 볼 수 있다. 고온의 금속성 솥에서 하면 시간이 짧게 든다. 하지만 솥보다는 훨씬 낮은 온도에 그것도 나무판 위에서의 건조는 상대적으로 시간이 오래 걸리게 된다.

이 두 가지 이유로 센차 가공 과정에 추가적인 동작과 단계가 덧붙여지고 시간도 더 오래 걸리는 것이다

궁금한 것은 나가타니 소엔이 왜 이런 가공법을 선택했느냐는 것이다. 여기에 대한 답은 8장 '한국 녹차와 일본녹차의 차이점과 그 이유'를 논할 때 찾아보겠다. 답이 궁금하면 먼저 읽어보시길 바란다.

손 가공법에 대해서 알아봤으니 이것을 모델로 하여 만든 센차 가공기계를 이어서 알아보는 것이 좋을 것 같다. 다시 말하지만 실제로 일본에서 생산되는 녹차 대부분은 기계 생산이다.

5장
센차 가공의 기계화

1. 찻잎 속 수분 제거의 중요성

차 종류와 관계없이 차 가공의 첫 단계는 찻잎(그리고 싹)을 채엽하는 것이다. 일반적으로 채엽할 때 찻잎 무게의 75~80퍼센트가 수분이다. 완성된 찻잎의 수분 함량은 대체로 3퍼센트 전후다. 결국 차 가공 과정에서 찻잎 속 수분이 대부분 제거된다는 뜻이다. 그렇다면 가공 과정 중 어느 단계에서 수분이 제거되는가. 녹차와 홍차를 비교해보자. 녹차와 홍차 가공의 큰 차이점 중 하나는 위조 단계다. 정통 홍차는 대개 15시간 전후의 긴 위조萎凋(찻잎 시들리기) 시간을 갖는다. 이로 인해 위조 다음에 이어지는 유념 단계에서는 찻잎 수분 함량이 상당히 낮아져 있다. 유념한 다음에는 2시간 전후로 산화시킨 후(산화 시간은 매우 유동적이다) 열풍이 나오는 건조기 속에서 30분 정도 지나면 대체로 장기 보관이 가능할 정도로

위조

홍차(위, 스리랑카)와 녹차(아래, 보성) 위조는 걸리는 시간, 방식, 목적 등이 다르다.

수분이 낮아져 완성된 홍차가 된다.

　반면 우리나라 녹차는 3~4시간 전후의 짧은 위조 시간을 갖는다(중국 용어로는 탄방이라고도 한다). 게다가 녹차의 위조 목적은 홍차의 위조 목적과 다르다. 홍차는 위조를 통해 수분 제거뿐만 아니라 맛과 향을 발현시키고자 하는 목적도 있는 반면 녹차는 갓 채엽해서 드셀 수밖에 없는 찻잎을 유념에 적합하도록 부드럽게 숨을 죽이는 것이 주 목적이다.

　위조 시간이 짧아 유념을 하기에는 여전히 수분이 많다. 찻잎에 압력을 가하는 유념을 통해 강제로 수분을 방출시키면 방출되는 수분과 함께 맛 성분도 함께 방출되기 때문에 맛과 향에 부정적 영향을 미친다. 그래서 일단 살청을 한다. 뜨거운 솥에서 하는 고온 살청은 짧은 시간에 상당량의 수분을 증발시킨다. 뿐만 아니라 녹차는 유념과 건조를 동시에 진행한다. 구체적인 방법은 모두 다르지만 기본적으로 유념 후 고온의 솥에서 일정 시간 건조하고 다시 유념 그리고 다시 건조하는 왕복 과정을 적절한 횟수만큼 반복한다. 반복 횟수가 늘어날수록 찻잎은 점점 더 건조되고 그에 맞춰 유념의 강도도 조절한다. 이러면서 점점 찻잎 속 수분도 증발하고 형태를 갖추어가면서 완성된 녹차가 되는 것이다.

솥 덖음 녹차는 살청과 건조가 모두 고온의 솥에서 진행된다.

2. 증청 후 늘어난 찻잎 수분 함량

▲ 증청 후 수분 함량이
높아진 찻잎

그런데 일본녹차는 찻잎에 뜨거운 증기를 쐬어 살청하는 증청蒸靑법을 사용한다. 증청법은 찻잎 자체 수분 외에 추가적인 수분이 더해지는 결과를 가져온다. 게다가 일본녹차 가공에서는 우리나라 녹차 가공에서 하는 정도의 짧은 위조조차도 없다. 채엽 후 가능한 즉시 증청한다. 따라서 이론적으로는 채엽 당시의 75~80퍼센트의 수분에 증청에서 더해진 외부 수분까지 합해져 다음 단계로 넘어간다. 따라서 찻잎의 수분 함량은 굉장히 높다.

이 축축한 찻잎을 호이로에서 어떻게 완성된 찻잎으로 만드는지는 이미 앞에서 살펴본 바와 같다. 그러면 일본의 녹차(센차) 생산 기계는 이 문제를 어떻게 해결했을까. 여기에 초점을 맞추어 기계 생산 과정을 알아보자.

3. 증청과 찻잎 식히기

일본녹차 가공 과정은 '채엽 – (즉시)증청 – 찻잎 식히기 – 유념·건조 – 마무리 건조'의 5단계로 볼 수 있다. 이렇게 생산된 제품이 앞에서 설명한 아라차다.

'즉시 증청'이라는 뜻은 앞에서도 잠시 언급했지만 채엽 후 가능하면 즉시 증청한다는 뜻이다. 실제로 생산 과정을 보면 차밭에서 기계 채엽한 찻잎을 트럭에 싣고 가공공장으로 와서 컨베이어벨트에 바로 쏟아놓으면 곧바로 증청 단계로 들어간다. 그야말로 채엽 후 즉시 증청이다.

조금의 위조 시간도 없이 곧 바로 증청하는 것이 맛과 향, 외형 등에 미치는 영향은 일본녹차의 큰 특징 중 하나다. 이 점 역시 '한국 녹차와 일본녹차의 차이점과 그 이유'에서 함께 다루겠다.

증청 기계를 통과하면서 뜨거운 수증기에 의해 살청되는데 걸리는 표준 시간은 30~40초이며 긴 경우는 1~2분 정도다(증청 시간에 관해서는 9장 '후카무시센차'편 참조). 증청 기계를 통과한 찻잎은 뜨거울 수밖에 없고 이 상태가 지속되면 차의 맛과 향에 부정적 영향을 미친다. 따라서 증청 기계를 통과한 찻잎은 즉시 찬바람이 나오는 냉각기를 통과하게 된다.

① 채엽한 찻잎을 콘베이어 벨트에 쏟으면
② 증청기를 지나고
③ 증청기를 지나면서 뜨거워진 찻잎은 냉각기를 지나면서 식혀진다.

그 다음이 유념 과정인데 4단계로 이루어진다. 각 단계별에 해당되는 형태가 다른 유념기가 따로 있으며 각각은 서로 연결되어 있다. 첫 번째가 '조유기', 두 번째가 '유념기', 세 번째가 '중유기', 네 번째이자 마지막이 '정유기'라는 명칭을 갖고 있다. 이 네 단계의 핵심은 유념이긴 하지만 건조 또한 유념 못지않게 중요하다. 두 번째 '유념기' 단계 외의 나머지 3개 단계 각각에서는 유념과 건조가 동시에 진행된다는 것을 기억할 필요가 있다.

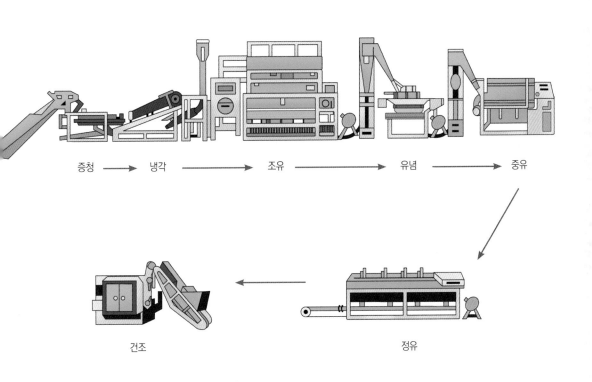

일본녹차 가공 과정

증청 → 냉각 → 조유 → 유념 → 중유

건조 ← 정유

4. 유념 4단계(건조도 동시 진행)

1) 조유粗揉, coarse kneading

단어 뜻 그대로 거칠게 유념한다는 뜻이다. 증청과 냉각 과정을 거친 찻잎은 축축하고 엉켜져 있는 상태로 조유기 내부로 들어온다. 조유기는 길이 2~3미터, 지름 1미터 정도의 내부 공간을 가지고 있는 밀폐 구조다. 내부에 길이 방향으로 긴 축이 있으며 이 축에 주걱 같은 형태의 팔이 일렬로 여러 개 붙어 있다. 이 축과 주걱이 (팔랑개비 회전하듯이) 함께 회전하면서 엉켜진 찻잎을 휘저으면서 조유기 내부로 퍼 올려 떨어뜨리는 작업이 반복된다. 동시에 이 밀폐된 공간에는 상당히 뜨거운 공기가 공급된다. 조유 과정에서는 축축한 찻잎을 어느 정도 건조시키면서 엉킨 찻잎을 풀어준다. 앞에서 살펴본 수작업 중 하부루이 과정에 해당된다. 조유 과정은 약 30~45분 정도 지속된다.

조유기 외부와 내부(원). 거친 유념과 건조가 동시에 진행된다.

2) 유념柔捻, kneading

조유 과정을 거치면서 어느 정도 수분이 날아가고 풀어헤쳐진 찻잎은 유념기로 넘어온다. 이 과정은 홍차나 녹차 가공에서 흔히 보는 유념과 동일하다. 아래쪽은 요철이 있는 원형판이고 위쪽은 지름이 좀 작은 통 구조로 되어 있다. 통 속에 찻잎을 넣고 뚜껑으로 누르면서 아래쪽 원형판 위 가장자리를 따라 회전한다. 위에

유념기

서 누르는 압력과 아래쪽의 요철이 부딪치면서 사이에 있는 찻잎들은 상처 입고 형태가 잡혀 간다. 이것은 차 종류와 상관없이 기계로 하는 전형적인 유념 모습이다.

3) 중유中揉, intermediate kneading

유념기계의 작동 원리에 따라 유념을 마친 찻잎은 (확대해서 보면) 물에 젖은 수건을 양손으로 비틀어 짰을 때와 같은 모양을 하게 된다. 그리고 찻잎 부피도 많이 줄어든다. 하지만 유념 특성상 찻잎들이 다시 서로 엉키게 된다. 이 엉킨 찻잎들이 중유기 내부로 들어간다. 중유기 형태는 대략적으로 보면 조유기와 비슷하다. 길이 방향으로 가로축이 있으며 주걱 모양

중유기 내부. 유념 과정에서 엉킨 찻잎을 풀어주면서 건조가 동시에 진행된다.

팔이 붙어 있는 것도 비슷하다. 이 팔이 회전하게 되면 찻잎은 대나무 조

각으로 도배되어 있는 내부 면에 집어 던져져 부딪치면서 엉켜진 찻잎이 풀어진다. 동시에 밀폐된 공간에 뜨거운 공기가 공급되면서 건조가 진행된다. 이 단계는 다음 정유 과정을 위해 찻잎 외형을 정리하는 과정으로, 이제 찻잎은 어느 정도 건조도 되었고 엉킨 것도 완전히 풀린 상태다. 약 40분 정도 소요되며 '뭉쳐진 찻잎을 일일이 손으로 풀어주는' 수작업의 다마토키 과정에 해당된다.

4) 정유精揉, deep kneading

두 번째 유념 단계를 지나면서 힘없고 가는 국수발 모양으로 된 찻잎은 중유 과정을 거치면서 건조가 더 진행되어 어느 정도는 힘이 들어간 가늘고 짧은 국수발 모양이 되었다. 유념의 마지막 단계인 정유 과정에서 이 찻잎은 일본 센차 특유의 바늘 모양으로 변하게 된다.

정유기의 작동 원리는 다소 복잡해 설명이 쉽지 않다. 기본적으로는 오른손 등 위에 지속적으로 찻잎을 퍼 올리고 왼손 바닥으로 오른손 등에 있는 찻잎에 강하게 압력을 가하면서 쓰다듬어 내리는 과정을 반복한다고 보면 된다. 오른손 등과 왼손 바닥에 해당하는 것은 금속으로 되어 있다.

상당한 압력이 가해질 것이다. 수작업에서는 바늘 모양으로 만들기 위해 양 손바닥 사이에 찻잎을 놓고 비볐다(모미키리).

그 부분을 설명할 때 교토와 우지 지역에서는 호이로 둘레 턱에 빨래판 같은 것을 경사지게 놓고 찻잎을 빨래하듯이 위아래로 비빈다고 했다. 정유기 작동 원리는 교토·우지 스타일에서 아이디어를 얻었다.

이런 차이로 기계 가공한 센차는 정확히 말하면 눌러진 바늘 모양으로 (단면이) 납작한 형태다. 손으로 가공한 센차는 비교적 바늘에 가까운 (단면이) 어느 정도 둥근 모양을 갖고 있다. 직사각형 모양의 큰 테이블 윗면 가장자리를 따라 꽤 높은 턱이 있고 그 내부에 여러 대의 정유기가 설치

정유기가 작동하는 모습. 일본녹차의 찻잎 외형이
바늘모양으로 만들어지는 단계다.

일본 차공장 내부. 오른쪽 원통형처럼 보이는 것 2개가 조유기와 중유기, 왼쪽에 정유기가 보인다.

되어 있다. 밀폐된 것은 아니지만 이 단계에서도 뜨거운 공기가 공급되어 찻잎은 계속 건조된다.

여기까지가 일본 센차 유념 과정이다. 기본적으로는 수작업을 모델로 했다. 이런 이유로 나가타니 소엔이 개발한 수작업을 앞에서 비교적 자세히 설명한 것이다.

5) 건조

건조기 외형은 키가 큰 냉장고 모양이다(물론 다른 형태도 있다). 정면에서 문을 열면 위에서 아래로 많은 서랍이 있고 그 서랍의 바닥은 틈새가 아주 작은 그물망으로 되어 있다. 여기에 찻잎을 넣고 문을 닫고 뜨거운 공기를 아래에서 위로 공급한다. 보통은 이 건조기에 들어갈 때 찻잎 수분이 10~13퍼센트 수준이지만 30분쯤 지나 나올 때는 5퍼센트 전후로 낮아진다.

이렇게 건조까지 마치는 것이 생산자가 하는 1차 가공이며 이렇게 생산된 녹차를 아라차라고 부른다. 이 아라차를 대규모 판매자가 구입해서 분류, 블렌딩 등 마무리 작업을 한 후 판매하는 것이 일반적으로 우리가 구입하는 일본녹차다.

앞에서 명칭만 간략히 설명한, 그리고 뒤에서 자세히 설명할 대부분의 일본녹차는 이 기계 세트를 이용해 거의 동일한 가공 과정을 밟아 생산된다.

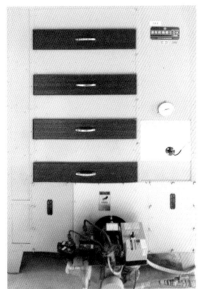

서랍식 기계 건조기

6장
가공 측면에서 본 일본녹차의 특징

1. 녹차 생산의 빠른 기계화

1880년대에 다양한 녹차 가공 기계가 발명되고, 1905년 무렵에는 일본 여러 지역의 녹차 가공법을 취합해서 국가표준가공법을 만들었다. 이것이 앞에서 설명한 녹차 가공 기계 세트(자동화)를 만드는 기본이 되었다.

각 단계에 해당하는 기계 발명은 홍차를 주로 생산하던 인도·스리랑카와 비교해서 빠른 편은 아니지만 전 과정을 연결하는 자동화는 어찌 보면 인도나 스리랑카보다도 빨랐을 수도 있다.

연속 기계생산(자동화)이라고 할 수 있는 CTC 홍차 가공법은 아삼에서 1930년대에 개발되긴 했지만 인도에서 본격적으로 활용되기 시작한 것은 1950년대에 들어와서였기 때문이다. 물론 당시의 인도와 스리랑카는 영국 식민지로 전적으로 영국 기술이 반영된 것이라고 보면 된다.

1920년대 시즈오카 지역의 차 가공공장 모습, 기계화가 상당히 진행되었다.

2. 기계 채엽의 한계

뿐만 아니라 인도, 스리랑카의 정통 홍차 가공법은 비록 기계화가 되었다고는 해도 채엽, 위조, 유념, 산화 단계에서 가공자의 의지가 반영될 여지가 많다. 이에 비해 일본은 생산자들이 표준화된 기계를 이용할 뿐만 아니라 자동화도 많이 된 편이다. 여기에 녹차와 홍차의 가공 과정이 다른 것도 큰 이유가 된다. 이런 요인들로 인해 일본녹차 생산자들은 각 단계에서 자신들이 생산하는 녹차의 맛과 향에 자신만의 의지가 반영될 여지가 상대적으로 적다. 우선 기계 채엽 영향을 살펴보자.

인도나 스리랑카에서 생산하는 정통 홍차는 대부분 손 채엽이다. 물론 이것이 고급 홍차를 만들겠다는 의지보다는 인건비에 반영되는 경제 수준과 고용과 관련된 정치 문제, 자밭의 형태가 기계 채엽에 적당하지 않다는 현실적인 이유가 더 크다. 그럼에도 불구하고 결과적으로 차 품질에 미치는 손 채엽 영향은 매우 크다. 만들고자 하는 홍차 품질을 고려하

트랙터식 기계채엽기가 움직여 가면서 칼날로 찻잎을 절단한다.

여 채엽하는 찻잎을 세분화해서 선택할 수 있다. FOP, GFOP에서 시작하여 SFTGFOP1까지 이르는 다양한 홍차 등급이 이를 말하고 있다. 이 미세한 등급 차이는 완성된 홍차에 포함된 싹의 많고 적음을 나타내는 것이고 이것은 채엽할 때 정해진다. 아무리 정밀한 기술을 가지고 있다 하더라도 기계 채엽으로는 이렇게까지 할 수 없다.

3. 위조와 산화

위조 과정 또한 매우 중요하다. 정통 홍차는 대략 15시간 전후의 위조 시간을 갖는다. 위조할 동안 찻잎에서 많은 변화가 일어나고 맛과 향에 미치는 영향은 매우 크다. 위조가 진행되는 15시간 동안 생산자는 자신이 원하는 맛과 향을 내기 위해 변화를 줄 수 있는 여지가 있다. 반면 녹차 특히 일본녹차는 위조가 아예 없다. 정확히 말하면 없애려고 노력하고 가능한 최소화한다. 따라서 맛과 향의 다양함에 위조 과정이 영향을 미칠 변수가 거의 없는 셈이다.

홍차의 산화 과정이나 산화 정도 또한 위조 못지않게 맛과 향에 미치는 영향이 크다. 하지만 녹차 그중에서도 일본녹차는 산화 과정이 아예 없다(이와 관련해서는 뒤에 설명이 나온다). 마찬가지로 생산자가 맛과 향에 미칠 변수가 거의 없는 셈이다.

본문에서 계속 녹차와 일본녹차를 살짝 구분해서 사용하는 것은 일반적인 녹차(가령 우리나라 녹차)와 일본녹차 또한 큰 차이가 있기 때문이다. 이에 대해서는 8장에서 자세히 설명하겠다.

4. 일본녹차 2차 가공의 중요성

따라서 일본녹차는 크게 보면 센차, 반차, 교쿠로 등으로 구분할 수 있지만 같은 센차, 같은 교쿠로, 같은 반차 내에서는 1차 생산자에 따른 맛과 향의 차이가 그렇게 크지 않다. 즉 이들이 생산하는 아라차에 뚜렷한 차이가 없는 경우가 많다는 뜻이다. 이런 이유로 반복되는 말이지만 대규모 판매자들의 2차 가공 과정이 중요하고 이들이 블렌딩을 통해 맛과 향의 차이를 만들어내는 것에 더 관심을 갖게 된다.

그런데 사실 대부분의 홍차도 마찬가지다. 위에서 설명한 정밀한 채엽이 맛의 차이를 만들어내긴 하지만 이것은 고급 홍차에 한정된 이야기다. 인도나 스리랑카 등에서 생산되는 홍차는 비록 손 채엽일지라도 대부분은 정밀한 작업이 아니다. 싹 위주로 어린 잎을 채엽하는 경우는 다즐링 같은 특정 지역이나 아삼 같은 경우는 900개 가까운 대형 다원 중 일부 다원에 한정된 이야기다. 생산되는 전체 홍차 양에 비하면 극히 일부라고 말해도 될 정도로 적다.

대부분 생산지에서는 다 자란 찻잎을 채엽해 보통 수준의 품질을 가진 홍차를 대량 생산한다. 생산자의 특별한 의지가 크게 반영되지 않은 비슷한 제품들이다. 따라서 홍차 역시 전 세계적으로 판매되는 것의 95퍼센트 이상이 블렌딩 제품이다.

5. 소량 생산되는 고급 녹차

반대로 일본녹차 중에도 자연환경이나 기후의 특색 즉 테루아의 영향,

재배하는 품종의 특성, 가공법 차이에서 오는 차별화된 맛과 향을 내는 제품이 있다. 이런 녹차는 대체로 특정 다원에서 재배한 차나무 찻잎을 손으로 채엽할 뿐만 아니라 가공도 손으로 한다. 그리고 채엽에서 완성된 차까지 전 과정을 한 생산자(혹은 한 다원)의 관리 아래에서 진행한다. 홍차로 치면 단일다원차라고 볼 수 있다. 다만 생산량이 적고 가격이 고가인 게 단점이다.

이렇게 보면 대량 생산과 대량 소비라는 관점에서 홍차와 일본녹차의 생산 과정이나 유통 구조가 크게 다르지 않다고도 볼 수 있다. 오히려 같은 녹차를 생산하는 우리나라와 일본의 차이가 더 큰 것 같다.

고급 센차

3부 일본녹차 종류

7장
일본녹차 종류와 그 특징들

1. 센차煎茶, Sencha

지금까지의 내용 대부분이 센차에 관한 것이었다. 어떤 역사적 배경에서 탄생했으며, 가공 과정은 어떠하며, 센차가 일본녹차에서 차지하는 의미가 어떤 것인지를 설명했다. 따라서 이 부분에서는 간략하게 요약하겠다.

센차는 일본녹차 생산량의 약 70퍼센트를 차지하며 일본에서 소비되는 대표 녹차로 일본에서는 녹차와 센차가 거의 같은 뜻으로 사용된다. 시즈오카, 가고시마를 포함한 일본 각지에서 생산되며 품종이나 재배 지역의 테루아, 가공 방법 등에 따라서 다양한 맛과 향을 가진다. 대부분의 센차는 노지露地에서 재배되나 최근 우마미를 강조하기 위해 차광 재배하는 센차도 있다.

우마미의 감미로운 맛과 부드러운 떫은 맛 그리고 신선함이 잘 조화된 맛과 향을 가지고 있는 것이 센차의 특징이다.

어떻게 보면 대부분의 일본녹차가 센차에서 파생된 것이라고도 볼 수 있다. 센차 가공법과 동일하되 차광 재배된 찻잎으로 만든 것이 교쿠로와 가부세차다. 가공 과정에서 약간 변화를 준 것이 다마료쿠차이며, 센차아라차의 분류 과정(2차 가공)에서 나오는 것들이 메차, 고나차, 구키차 그리고 일부 반차도 포함된다. 따라서 뒤에 설명할 녹차 대부분에서 이해를 돕기 위해 어떤 식으로든 센차가 언급될 수밖에 없다.

2. 반차番茶, Bancha

반차라는 이름은 반가이차番外茶에서 유래한 것으로 알려져 있다. 일본어로 '반'이라고 읽는 글자의 한자는 순서를 뜻하는 '번'이다.

차를 생산하는 국가 중 겨울이 있는 중국, 인도의 다즐링, 우리나라에서는 대체로 이른 봄 채엽되어 가공되는 차들이 맛과 향이 가장 좋은 것으로 여겨진다. 일본 또한 채엽 시기에 따라 이치반차一番茶, 니반차二番茶, 산반차三番茶 등으로 구분하면서 보통 4월 말 5월 초 사이(지역에 따라 차이가 있다)에 그해 첫 번째로 채엽되는 이치반차를 가장 좋은 것으로 친다.

따라서 니반차, 산반차도 생산되지만, 진짜 차는 이치반차라는 뜻으로 니반차부터는 귀하게 여기지 않았다. 여기서 반가이차番外茶는 이치반차가 아니라는 뜻으로 좋은 차가 아니라는 뜻을 포함하고 있었다.

현재도 순서를 꼭 따지는 것은 아니지만 어쨌든 이른 봄 찻잎으로 만든 고품질 차가 아니라는 의미는 여전하다. 대체로는 센차를 위해 채엽하고 난 후 더 자란 찻잎이나 여름 이후 드세진 찻잎으로 만든다. 동일한 기계를 사용하기 때문에 가공 방법도 센차와 거의 동일하다. 이외에도 센차아라차를 2차 가공하는 과정에서 분류할 때 걸러진 크고 거친 찻잎도 반차라고 부른다. 따라서 위 두 가지 방법으로 만들어진 것을 다 반차라고 부른다.

센차에 비해 맛과 향의 섬세함이 부족하다. 대신에 가격도 저렴하고, 어린잎이 아니라 다 자란 찻잎으로 만들다보니 카페인 함량도 센차보다는 적은 편이다. 따라서 일상에서 편하게 마실 수 있는 녹차라고 보면 된다. 가정에서도 많이 우려놓고 마시며 여름철 아이스티용으로도 인기가 있다. 이 반차를 다른 이름으로 야나기やなぎ라고도 부르는데 야나기는 버드나무 잎이라는 뜻이다. 반차의 찻잎 크기가 다소 크고 버드나무 잎을 닮아서 이런 이름이 생겼다.

저렴한 녹차다보니 반차에 볶은 현미를 넣어 겐마이차玄米茶도 만들고 높은 온도에서 볶아 호지차ほうじ茶도 만든다. 반차를 호지차로 만들면 열에 의해 찻잎이 풀어지기도 한다.

지역마다 이 반차가 다른 형태를 의미하기도 해서 조금 혼란스러울 수도 있다. 예를 들면 앞에서 설명한 것은 주로 도쿄나 시즈오카 지역에서 통용되는 것이다. 교토나 오사카 지역에서는 교반차京番茶를 반차라고 부른다. 혼슈 북부나 홋카이도 지방에서는 보통 호지차를 반차라고 부른다고 한다.

반차

당연하지만 반차도 품질이 다양하다. 반차 역시 규모가 큰 판매자들의 2차 가공 과정 중에서 대부분 블렌딩 과정을 거치기 때문이다. 필자가 마셔본 반차는 매우 훌륭했다. 비싼 센차에서 강하게 느껴지는 우마미가 덜해서 오히려 마시기 좋았다. 다양한 반차를 마셔보기를 권한다.

 교반차京番茶

교토 인근 주로 우지에서만 생산되는 반차로, 완전히 자란 찻잎을 유념 과정 없이 볶은 호지차다. 전혀 떫지도 않고 카페인도 거의 없다. 아기들도 마실 수 있다고 해서 아카찬 반차 赤ちゃん番茶(Baby Bancha)라고도 한다. 대신 찻잎을 태운 스모키 향이 아주 강하다. 일본에서 소포로 올 때 다른 차에 향이 배일 것을 우려했는지 판매자 측에서 종이 봉지에 넣은 것을 다시 비닐봉지에 싸서 보냈다. 처음 받았을 때는 그냥 찻잎 모양 거의 그대로여서 무게에 비해 부피가 매우 컸다. 바디감이 전혀 없어 그냥 물을 마시는 느낌이다. 굳이 비교하자면 좀 많이 볶아서 살짝 태운 보리차를 마시는 맛이다.

3. 맛차抹茶, Matcha

미세한 가루로 분쇄한 찻잎을 찻사발에 넣은 후 뜨거운 물을 붓고는 대나무로 만든 차센茶筅(찻솔)으로 휘저어서[격불(擊拂)] 거품을 내서 마시는 오늘날 일본 맛차抹茶 음용법은 송나라에서 전해진 것이다.

그러나 가루 낸 찻잎을 휘저어서 마시는 개념은 같지만, 사용되는 차는 송나라 시대와는 전혀 다른 것이다. 오늘날 일본인이 마시는 맛차는 어떻게 보면 매우 독창적으로 만든 차다. 녹차의 한 종류이긴 하지만 차나무 재배법이나 가공법이 세계 그 어느 나라에도 없는 독특함을 지니고 있다.

차광 재배를 하는 이유

맛차를 만들기 위한 찻잎은 채엽하기 4주 전쯤에 그늘막을 쳐서 햇빛을 가려준다. 이것을 차광遮光 재배라 한다. 차광을 하는 목적은 감칠맛(우마미)을 증가시키기 위함이다. 차의 맛과 향에 영향을 미치는 주요한 성분은 아미노산(테아닌), 폴리페놀(카데킨), 카페인이다. 아미노산의 감칠맛과 카데킨의 떫은 맛, 카페인의 쓴 맛이 조화를 이루어 다양한 맛과 향이 만들어진다.

아미노산은 차나무 뿌리에서 합성되어 싹과 어린잎으로 이동하고 햇빛에 의한 광합성을 통해 카데킨으로 전환된다.

차광을 하는 가장 큰 목적은 감칠맛을 내는 아미노산이 떫은맛을 내는 카데킨으로 전환되는 것을 막아 그 만큼 감칠맛을 증가시키기 위함이다. 이 효과 외에도 차광을 하게 되면 부족한 햇빛을 더 흡수하려고 찻잎은 엽록소를 더 많이 생성시키고 또 햇빛 받는 면적을 넓게 하려고 찻잎도 커진다. 이로 인해 차광 재배된 찻잎은 더 짙은 녹색을 띠고 찻잎이 넓어진 만큼 두께가 얇아져 찻잎이 크더라도 아주 부드럽다. 분쇄된 가루차

차광 재배 하지 않은 찻잎(좌)과 차광 재배한 찻잎(우)의 비교

차광 재배 모습

를 통째로 마시는 맛차에 적합한 찻잎이다. 차광 재배한 찻잎으로 만든 잎차인 교쿠로의 경우, 우린 뒤의 엽저를 손으로 만지면 너무 부드러워 손끝에서 문드러질 듯한 느낌이 든다.

차광 재배법의 탄생

맛차용 찻잎을 만들기에 아주 적합한 일본 특유의 차광 재배법 발명은 도가노오梅尾산의 환경과 밀접한 관련이 있다.

12세기 말 에이사이 선사가 자신이 남송에서 가져온 차 씨앗을 나눠준 곳은 나가사키현의 히라도섬과 사가현 등 여러 곳이다. 이 중 가장 성공적으로 재배하고 이후 일본 차 역사에 큰 영향을 미친 곳은 교토 서북쪽에 위치한 도기노오산이다. 이곳에 있는 고산사高山寺(원효대사와 의상대사의 초상화가 소장되어 있어 우리와도 각별한 인연이 있는 절이다)라는 절의 주지인 묘에明惠 스님이 차나무를 아주 잘 키웠다. 이후 고산사 인근에서 재배한 찻잎으로 만든 맛차의 맛과 향이 탁월해 오랫동안 이 찻잎으로 만든 차가 일본 최고 맛차로 평가 받았다.

시간이 흘러 차 수요가 증가하자 교토 서남쪽에 위치한 우지가 새로운 차 재배지로 등장했다. 우지강의 영향으로 안개가 짙을 뿐 아니라 기후 또한 차나무 재배에 적합했다. 우지는 자연환경도 차나무 재배에 적합했을 뿐 아니라 당시 차가 가장 많이 소비되는 수도인 교토 인근이라는 입지도 중요했다.

15세기 중엽에 우지는 차 생산으로 번성했다. 그럼에도 우지에서 생산한 맛차는 도가노오산에서 생산한 맛차의 맛과 향에는 미치지 못했다. 오랫동안 그 원인을 연구한 결과 16세기 후반 무렵이 되어서야 도가노오산의 울창한 숲이 자연적으로 차나무가 자라는 데 그늘막 역할을 한다는

것을 밝혀냈다. 이후 오늘날의 차광 재배법이 우지에 등장했고 우지차가
일본 최고가 되었다. 에도 막부는 차광 재배는 우지에서만 하게 했고 그
것도 허가받은 사람만이 차광 재배법으로 차나무를 재배할 수 있었다.
이것이 나가타니 소엔으로 하여금 차광하지 않은 찻잎으로 고급 잎차를
만들도록 한 하나의 동기가 되었음은 앞에서 서술했다.

차광 재배한 찻잎으로 만든 차

현재 일본에서 차광 재배한 찻잎으로 만드는 차로는 맛차, 교쿠로, 가부세차被せ茶가 있다. 그리고 최근 들어 일부 고급 센차도 차광을 한다. 맛차와 교쿠로, 가부세차는 차광하는 시간 길이가 각각 다른데 맛차가 보통 30일 정도로 가장 길고, 교쿠로는 20일 전후다. 가부세차는 7~10일 정도로 가장 짧다.

차광하는 방법도 크게 두 가지가 있고 이 방법에 따라 차 품질에 영향을 미친다. 이 방법 차이는 뒤에 나오는 가부세차에서 상세히 설명하겠다.

일본 맛차抹茶는 녹차를 분쇄한 가루차다. 분쇄해서 맛차로 만드는 차, 즉 맛차의 베이스차를 덴차碾茶라고 부른다. 따라서 맛차를 만들기 위해서는 먼저 덴차를 만들어야 한다.

덴차 가공도 센차처럼 1차 가공, 2차 가공 두 단계로 나눌 수 있다. 1차 가공자는 덴차아라차까지 생산한다. 이것을 규모가 큰 판매사들이 구입해 2차 가공도 하고 분쇄도 한다.

우선 덴차(좌)로 만들고 이것을
분쇄한 것이 맛차다.

덴차 가공 과정

센차, 반차, 교쿠로 등 거의 모든 일본녹차는 채엽 후 '증청 – 유념 – 건조' 과정을 거쳐 완성된 차로 만든다.

하지만 덴차에는 유념 과정이 없다. 유념의 가장 큰 목적은 찻잎의 형태를 잡아 부피를 줄이고 찻잎에 상처를 내서 잘 우러나게 하는 것이다. 덴차의 용도가 가루 녹차인 맛차의 베이스 차인 것을 고려하면 유념이 없는 것이 이해된다[찻잎을 가루 수준으로 분쇄해 둥글게 뭉쳐(Curling) 알갱이 형태로 만든 CTC 홍차 생산 과정에 유념이 없는 것과 같은 맥락이다]. 유념 과정 대신 찻잎에 있는 줄기 및 미세한 엽맥을 제거하는 독특한 과정이 있다. 분쇄해서 맛차로 마실 때 입안의 거친 느낌을 없애고 섬세함을 올리기 위함이다. 이제 한 단계씩 알아보자.

<u>증청</u> 채엽 후 즉시 증청한다. 덴차용 찻잎은 부드럽고 부서지기 쉬워(이유는 앞에서 설명했다) 증청에 걸리는 시간이 20초 전후이며 40초 전후인 센차보다는 짧은 편이다.

증청 과정을 지난 찻잎은 뜨겁고 축축하고 서로 엉켜 있다. 센차의 경우는 호이로에서 건조와 유념을 동시에 진행한다. 건조와 유념을 동시에 진행한다고 하지만 축축하고 서로 엉켜 있는 찻잎은 여러 단계를 거쳐 조금씩 건조되면서 유념된다. 손으로 가공하든 기계로 하든 마찬가지이고 앞에서 자세히 설명했다.

<u>1차 건조</u> 덴차 가공에서는 뜨겁고 축축하고 서로 엉켜 있는 찻잎을 일단 시원한 공기를 쐬어 찻잎 온도도 낮추고 수분도 어느 정도 제거하면서 엉킨 것을 분리시킨다.

증청 기계에서 나온 찻잎은 즉시 가로 세로 약 1미터, 높이 약 6미터의 직사각형(혹은 원형)의 그물망으로 둘러싸인 모기장 같은 곳으로 이

동된다. 같은 형태의 모기장은 3~5개가 서로 연결되어 있다. 첫 번째 모기장에 옮겨진 찻잎은 이 모기장 바닥에 장치된 송풍기에서 나오는 매우 강력한 바람의 힘으로 모기장 천장까지 날아올라 마치 수많은 나비가 춤을 추는 것 같은 모습을 보여준다. 그래서인지 영어로는 이 기구를 버터플라이 네트Butterfly net(나비망)라고 부른다. 바람의 힘으로 떠올랐던 찻잎은 천천히 바닥으로 떨어지는데 바닥은 움직이는 컨베이어벨트다. 움직이면서 두 번째 모기장으로 가면 여기서도 동일하게 강력한 바람으로 찻잎들이 모기장 위로 떠오른다. 이런 식으로 그 다음 그 다음 모기장으로 이동하면서 찻잎은 점차 수분이 날아가고 온도도 내려가고 엉킨 게 풀려 마지막 모기장 바닥 컨베이어벨트로 떨어질 때는 거의 낱개 찻잎의 상태가 된다.

1차 건조 단계에서 찻잎을 거의 낱개 낱개로 분리하는 것이 중요한 것은 다음 2차 건조이자 마지막 건조 과정에서 각 찻잎들이 균일하게 건조되게 하기 위해서다.

증청기(왼쪽 아래 은색 원통모양)를 지나면서 축축해진 찻잎은 오른쪽 버터플라이 네트로 들어간다.

강력한 바람에 의해 버터플라이 네트 위로 날아오른 찻잎(위)과 마지막에 어느 정도 수분이 제거된 찻잎(아래)

<u>2차 건조</u> 1차 건조된 찻잎은 컨베이어벨트 위에서 연속적으로 움직이면서 약 10미터 길이의 덴차로碾茶爐 속으로 들어간다. 덴차로 외형을 대략적으로 설명하면 길이가 긴 컨테이너 형태의 벽돌 건물이라고 보면 된다(기본 형태가 그렇다는 뜻이다). 이 덴차로 내부에는 길이 방향으로 3단(층) 혹은 5단(층)의 연속 컨베이어벨트가 설치되어 있다. 덴차로 아래에는 열기를 공급하는 장치가 있고 각 층의 온도는 섭씨 90도에서 180도 사이로 각각 다르다.

덴차로에 들어온 찻잎은 컨베이어벨트 위에서 연속적으로 움직이면서 바싹 건조된다. 시간은 약 20~30분 걸리는데 이 건조 과정이 찻잎의 맛과 향에 큰 영향을 끼친다.

왼쪽 버터플라이 네트를 지나면서 어느 정도 수분이 제거된 찻잎은 오른쪽 덴차로에서 완전히 건조된다.

줄기 및 엽맥 제거　바싹 건조된 찻잎(이때까지 외형은 채엽 당시처럼 온전하다)에서 줄기와 엽맥을 제거하는 과정으로, 맛차(덴차) 가공에만 있는 특이한 과정이다.

몇 가지 방식이 있지만 여기서는 바람에 의한 방법을 알아보겠다. 덴차로에서 나온 바싹 건조된 찻잎은 꽤 큰 밀폐된 공간으로 이동되고 여기서 아주 강한 바람을 일으키고 찻잎을 바람 속에 떨어뜨려 바람 힘으로 찻잎의 잎면에서 줄기와 엽맥을 분리시킨다. 이 과정은 여러 번 되풀이되는데 아주 가느다란 엽맥까지 제거되고 부드러운 찻잎만 남을 때까지 계속한다. 이 과정이 끝나고 줄기와 엽맥이 떨어져 나간 찻잎은 작은 색종이 조각 같은 형태를 띤다. 이 찻잎 조각이 아라덴차荒碾茶이며 분리된 줄기는 구키차나 호지차로 만들어지기도 한다.

아라덴차(위)와 분리된 줄기(아래)

맛차 형태로 분쇄　이렇게 생산된 아라덴차는 센차 방식과 동일하게 (주로는) 옥션을 통해 대규모 판매자들이 구입하고, 2차 가공 과정을 거치면서(덴차도 블렌딩하여 맛을 향상시킨다) 완성된 제품이 되는 것이다. 보통은 이 덴차 상태로 보관하며, 필요할 때 맛차로 분쇄한다. 분쇄된 맛차 상태로는 장기간 좋은 품질을 유지하면서 보관

아라덴차 역시 2차 가공 과정을 통해 판매용 제품이 된다.

▲ 맛차는 보통 소량
으로 판매된다.

하기가 어렵기 때문이다.

과거에는 덴차 상태로 구입해서 소비자가 집에서 직접 분쇄해 음용하는 경우도 많았지만 지금은 매우 드물다. 그 대신 구입해서 현장에서 분쇄해 가져가는 경우가 많다. 현재 가장 일반적인 것은 판매처에서 분쇄해 작은 캔에 넣어 밀폐해서 판매하는 방식이다. 캔을 오픈하면 빨리 소비하는 것이 좋으므로 단위가 20그램/40그램 정도로 비교적 소량이다.

분쇄 방법 분쇄는 맷돌로 한다. 윗돌과 아랫돌이 접하는 양쪽 면에는 가느다란 홈이 다양한 기하학적 무늬로 파여 있다. 윗돌 중심부 구멍에 덴차를 넣고 시계 반대 방향으로 1초에 한 바퀴 속도로 천천히 회전시킨다. 찻잎은 윗돌과 아랫돌 사이에서 분쇄된다. 3~4분이 지나면 분쇄된 가루가 맷돌 가장자리로 나오기 시작한다. 보통 1시간에 40그램 정도 분쇄할 수 있다고 한다. 기계로 대량 생산할 때도 회전 속도는 마찬가지로 동일하고 맷돌 1개당 생산량도 비슷하다. 빠른 속도로 회전시키면 마찰열에 의해 차가 맛이 없어지기 때문에 천천히 돌려야만 한다. 대신 수십 대의 맷돌이 한꺼번에 돌아간다.

▲ 맛차를 분쇄하는 맷돌

맛차를 생산하는 그라인딩 룸Grinding Room은 청결성은 말할 것도 없고 온도와 습도까지 통제된다. 찻잎이 마이크론 사이즈Micron size particles인 아주 미세한 분말 상태로 분쇄되기 때문이다.

기계를 사용하더라도 회전속도는 변함이 없다.

맛차 등급

맛차에도 다양한 등급이 있다. 다도 의식에 사용하는 높은 등급도 있고 맛차라테 혹은 케이크를 포함한 다양한 디저트에 사용하는 요리용 등급까지 다양하다.

다도 의식에 사용하는 것 중에서도 고이차에 사용할 수 있는 것이 최고 등급이라고 볼 수 있다.

맛차 마실 때는 고이차濃茶와 우스차薄茶, 크게 두 음용법이 있고, 찻잎(분말)과 물의 비율에 따라 구분한 것이다.

고이차는 말 그대로 진한 차다. 차사발에 찻잎은 많이 넣고 물은 조금 넣어 휘저어서(격불) 스프처럼 걸쭉하게 만든다. 아주 진하게 탄 미숫가루 마시는 듯한 느낌이 들고 마신 후에는 진한 농도로 인해 차사발에 마신 흔적이 아주 선명히 남는다.

이렇게 진하게 마시다보니 입안에 닿는 차의 느낌이 매우 강하다. 그렇긴 하지만 떫은맛도 거친 맛도 전혀 느껴지지 않아야 고이차에 어울리

고이차(좌)와 우스차(우)

는 최고급 등급이라 할 수 있다. 따라서 고이차로 만들어봐야 그 맛차의 품질을 제대로 알 수 있다. 다도 의식에 있어서 주된 음용법은 고이차다. 실제로 19세기까지만 하더라도 고이차가 일반적인 음용법이었다. 이렇게 고이차를 마신 후 찻사발에 남은 차에 물을 더 부어 묽게 해서 편하게 마시는 것이 우스차다. 물론 처음부터 우스차를 만들어 마시기도 하고 일상 음용에서는 고이차보다는 우스차를 마시는 경우가 훨씬 더 많다.

따라서 최고 등급 맛차는 고이차, 우스차 모두 다 가능하지만, 낮은 단계 맛차는 고이차에는 적합하지 않다.

원래부터 맛차는 이치반차一番茶 시기에만 생산된다. 다도 의식에 사용되는 최고 등급 맛차는 이치반차 시기 중에서도 한 번만 채엽된다고 알려져 있다. 그런 까닭에 최고 등급 맛차는 매우 비싸다. 캔에 든 40그램 제품이 비싼 것은 일본 현지 가격으로 1만 엔이 넘는 것도 있다. 최근 들어 요리용 맛차에 대한 수요가 증가함에 따라 니반차二番茶, 산반차三番茶 찻잎으로 맛차를 만드는 경우도 있다.

맛차는 대부분 우지 지역에서 생산되고 우지 맛차가 가장 유명하기도 하다. 그 외 맛차 생산지로 알려진 곳으로는 나고야에 인접한 아이치현이 있다.

신세대 맛차

1996년 하겐다즈Häagen-Dazs가 맛차로 맛을 낸 새로운 아이스크림을 소개하고, 2005년 스타벅스Starbucks가 맛차라테를 판매하기 시작했다. 2000년대 초반까지만 해도 다도 의식과 관련된 특별한 종류의 녹차로만 인식되던 맛차는 이 무렵부터 일본뿐만 아니라 세계적으로 전혀 새로운 관심을 받기 시작했다.

건강상의 장점이 강조되면서 수많은 사용법이 새로 등장했다. 현재는

맛차를 이용하여 만든 라테와 아이스크림

맛차가 포함된 식품이나 음료, 요리 등이 전혀 낯설지 않다. 심지어 맛차 화상품까지 등상했다.

　이와 같은 새로운 용도에 필요한 맛차는 당연히 위에서 설명한 정통 가공법으로 생산해서는 그 수요를 충족시킬 수 없다. 물량뿐만 아니라 가격도 문제다. 그리고 사실 품질도 달라야만 한다.

　케이크나 마카롱 같은 제과나 요리에 들어가는 맛차는 어떻게 보면 너무 섬세한 맛과 향을 가진 정통 맛차로는 오히려 제 역할을 하지 못할 수도 있다. 맛과 향이 더 강할 필요가 있다.

　대량 생산, 낮은 가격, 강한 맛과 향을 위해서는 가공법에 변화를 줄 수밖에 없다. 새롭게 등장한 사용처에서도 다양한 품질 수준이 필요한 건 당연하다. 이런 용도를 위해 다도용 맛차를 만들기에는 적합하지 않은, 늦여름과 가을에 채엽한 차광하지 않은 찻잎으로 가공만은 정통법으로 해서 생산하는 것도 있지만, 어떤 것은 전혀 맛차와 거리가 먼 경우도 많다. 실제로 일반 녹차를 아주 미세하게 분쇄할 경우 일반인들은 잘 구별할 수 없다. 하지만 위에서 말한 이유들로 인해 이들도 수요처는 있다.

우리나라에서의 맛차 유행

지난 몇 년간 우리나라에서는 맛차 자체의 맛과 향을 즐기는 새로운 분위기도 있었다. 다도의 엄숙성이나 경직성과는 관계없이 맛차라는 일본 녹차의 한 종류를 맛보고 싶고 또 격불이라는 독특한 행위를 경험해보고 싶다는, 젊은이들의 호기심이 만들어낸 유행이다. 뭐든 상관없다. 차는 모두 다 차나무의 싹과 잎으로 만든 것이다. 어떤 종류의 차를 통해서건, 어떤 방식을 통해서건, 우리나라도 차 마시는 나라가 되었으면 좋겠다.

4. 교쿠로玉露

탄생

교쿠로는 가공법으로 보면 센차와 동일하다. 다만 차광 재배한 찻잎을 사용하는 것이 다른 점이다. 따라서 교쿠로는 차광 재배한 맛차용 찻잎을 센차 가공법으로 만든 녹차라고 할 수 있다. 12세기 말 일본에 처음 전해진 차가 맛차 스타일이다. 1738년 센차가 만들어진다. 센차는 앞에서 설명했듯이 '차광하지 않은 찻잎으로 만든 고급 잎차'에 대한 열망으로 나가타니 소엔이 발명한 것이다.

그리고 당시는 허가받은 사람만이 차광 재배할 수 있었고 이 찻잎으로는 당연히 맛차만 만들었다. 100년의 시간이 흐른 1835년경(아마 이때는 그런 허가제도는 폐지되었을 것이다) 앞에서도 나온 야마모토야마山本山라는 찻집의 6대 주인 야마모토 도쿠오山本德翁(1811~1877)는 새로운 생각을 떠올렸다. 차광 재배한 찻잎으로 센차를 만들면 어떨까. 이 아이디어에서 영감을 얻은 차농들이 차광 재배한 맛차용 찻잎으로 최고급 센차를 만들었다. 처음엔 차광 재배 센차라고 부르다가 나중에 교쿠로라고 불리게 된다.

맛과 향의 특징

교쿠로는 '옥으로 만든 이슬玉露'이라는 뜻을 가지고 있다. 귀하다는 의미일 것이다. 외형만으로는 고급 센차와 구별이 잘 되지 않지만 일반적으로는 찻잎 색상이 더 짙은 녹색을 띤다. 일본녹차 중 가장 고급에 속한다. 센차가 떫은맛, 쓴맛, 우마미, 단맛의 조화를 즐기는 차라면 교쿠로는 쓴맛과 떫은맛을 가능한 줄이고자 한다. 대신 진한 감칠맛(우마미)으로 인한 특유의 감미롭고 풍성한 맛이 특징이다. 하지만 이 진한 감칠맛이 우리나라 일부 음용자들에게는 부담스럽게 느껴지기도 한다. 또 다른 특징으로는 차광향遮光香(ooika)이 나는 것이다. 차광 재배한 찻잎으로 만든 일본녹차에서 나는 특유의 마른 김 혹은 해조류(파래) 향 같은 것으로 교쿠로 외에도 맛차와 가부세차에서도 이 차광향이 난다. 차광향은 디메실 설파이드dimethyl sulfide라는 성분 때문에 생기는데 실제로 해조류에 이 성분이 있다고 한다. 이 차광향 또한 일본녹차의 품질을 평가하는 데 있어 매우 중요한 요소다. 맛차, 교쿠로, 가부세차 등 차광 재배한 녹차들 중에서는 우마미와 더불어 차광향이 강한 녹차가 대체로는 고품질로 여겨진다.

교쿠로는 일본에서도 일부 지역에서

교쿠로. 일본녹차 중 가장 고급이다.

만 생산된다. 생산지로 유명한 곳은 교토의 우지를 포함해서 후쿠오카의 야메, 시즈오카의 아사히나 지역이다. 일부 자료에서는 미야자키를 포함시키기도 한다.

채엽 특성

대부분의 다른 녹차와는 달리 교쿠로는 니반차, 산반차 시기에는 생산하지 않고 보통 이치반차 시기에만 생산한다.

겨울을 지나면서 뿌리에서 저장되어 농축된 영양분으로 가득 찬, 이른 봄 찻잎이 만들어내는 강한 우마미와 단맛을 중요시하는 교쿠로 특성 때문이다. 또한 이듬해 봄 교쿠로 품질을 유지하기 위해 영양분을 차나무에 최대한 저장해두려는 목적도 있다. 이것은 또 다른 고품질 녹차인 맛차의 경우도 마찬가지다. 이 같은 이른 봄 찻잎이 갖는 속성에 차광 재배까지 더해져 교쿠로는 다른 녹차보다 카페인 함량이 높다(차광 재배한 찻잎이 카페인 함량이 높다). 이 점 역시 맛차에도 해당되어 카페인 섭취로만 보면 찻잎 전체를 통째로 마시는 맛차가 가장 높은 편이다.

우리는 법과 마시는 법

교쿠로는 우리는 법과 마시는 법이 중요한 차이기도 하다. 그만큼 귀하게 여겨지기도 하고 또 맛있게 우리기가 쉽지 않다는 뜻이기도 하다.

우선 교쿠로용 규스急須라고 불리는 호힌寶瓶을 준비한다(규스는 일본어로 차를 우리는 다관을 가리키는 용어다. 상세 내용은 9장을 참조).

물 100밀리리터 기준으로 4~8그램 정도의 찻잎(15그램을 넣기도 한다. 양은 원하는 맛의 강도에 따라 다르다)을 넣고, 시간은 2~3분 정도, 물 온도는

교쿠로용 티팟인 호힌으로
우리는 모습.

40~60도 정도의 낮은 온도로 우린다. 두 번째, 세 번째 우릴 때는 온도
를 조금 높이지만 그래도 60도를 넘기지 않는 게 좋다. 이렇게 우려야만
교쿠로의 맛과 향이 제대로 우려진다.

이렇게 낮은 온도로 우리는 이유는 떫은맛의 카데킨과 쓴맛의 카페인
을 가능하면 적게 추출하고 대신 아미노산으로 인한 감칠맛을 극대화하
고자 함이다. 아미노산은 물 온도에 관계없이 잘 우러나지만 카데킨과

카페인은 낮은 온도에서는 잘 우러나지 않기 때문이다.

하지만 차를 우리는 법에 '골든 룰'은 없다. 가장 중요한 것은 개인의 취향이다. 사실 센차도 80도 정도에서 우리는데 이는 차를 우리는 일반적인 온도로 보면 낮은 편이다. 이 역시 카데킨과 카페인 추출을 억제하고자 하는 목적이다. 센차는 '우마미의 단맛과 부드러운 떫은 맛, 신선함의 균형'을 어느 정도는 추구하는 데 비해 교쿠로는 '진한 감칠맛, 특유의 감미롭고 풍성한 뒷맛'에 지나치게 초점을 맞추는 경향이 있다.

이런 뚜렷한 맛의 치우침이 가격을 떠나 교쿠로 음용 비율이 센차보다 훨씬 낮은 이유일지도 모른다.

더욱이 찬물(심지어 얼음물)에 냉침하여 마시기도 한다. 이 경우는 찻잎 양도 훨씬 더 넣고 시간도 30분 이상 둘 필요가 있다(물 온도와 관련해서는 9장 '차를 우리는 물 온도와 이를 통해 본 일본녹차의 특징'을 참조).

교쿠로는 마시는 차가 아니다

낮은 온도에서 진하게 우린 교쿠로는 소량을 입안에 넣고 굴리듯이 마신다. 마신다기보다는 음미한다. 그래서 교쿠로는 마시는 차가 아니고 맛보는 차라는 말도 있다.

교쿠로 맛에 대해서는 일본 최고 문호라고 불리는 나쓰메 소세키(1867~1916)가 소설『풀베개』에서 탁월하게 묘사한 바 있다.

"진하고 달며, 적당한 온도로 내온 무거운 이슬을 혀끝에 한 방울씩 떨어뜨려 맛보는 것은 한가한 사람이 마음 내키는 대로 즐길 수 있는 풍류다. 보통 사람들은 차를 마신다고 알고 있지만 그건 잘못이다. 혀끝에 살짝 떨어뜨려 맑은 기운이 사방으로 퍼져나가면 목으로 내려가야 할 액체는 거의 남지 않는다. 그저 그윽한 향이 식도에서 위장으로 스며들 뿐이다."

야마모토야마山本山

1690년 야마모토 가헤에山本嘉兵衛가 에도의 니혼바시에서 작은 차 판매점으로 시작한 야마모토야마는 일본에서 가장 오래된 차 회사 중 하나로 오늘날까지 야마모토 집안에 의해 운영되고 있다.

1738년 나가타니 소엔이 개발한 센차 가치를 알아보고 이를 에도에 유행시킨 야마모토 가헤에 4대와 1835년경 교쿠로를 개발하는 데 결정적 역할을 한 야마모토 도쿠오山本德翁 6대 등 야마모토 가문은 일본녹차 발전에 큰 기여를 했다. 야마모토야마가 오늘날까지 차 사업을 하는 큰 회사가 된 것도 센차 가치를 일찍 알아본 덕분이다.

세계 시장으로 눈을 돌린 야마모토야마는 1975년 미국에 진출하고, 1993년에는 미국 차 회사 스태쉬Stash를 인수한다. 스태쉬는 스티븐 스미스Steven Smith가 1972년에 설립한 차와 허브를 판매하는 브랜드로(스미스는 이후 타조Tazo, 스티븐 스미스 티 메이커Steven Smith Tea maker도 설립한다) 현재도 미국 최고 브랜드 중 하나다.

1947년에 김 판매 사업도 시작해, 현재도 야마모토야마는 최고 품질의 차와 김을 판매하는 회사로 유명하다.

5. 가부세차被せ茶

일본어 가부세루かぶせる는 덮어씌운다는 뜻이다. 가부세차는 차광 재배한 찻잎으로 만든다는 면에서는 교쿠로와 동일하다. 그러나 교쿠로가 채엽 전 20일 정도 차광하는 반면 가부세차는 7~10일 정도 한다. 짧은 차광 기간으로 인해 가부세차의 우마미 정도는 교쿠로보다는 훨씬 약하다. 뿐만 아니라 차광 방법에도 차이가 있다.

차광의 두 가지 방법

교쿠로와 덴차용 찻잎을 위한 차광법은 보통 캐노피Canopy 방식을 사용한다. 차광하고 싶은 차밭 위에 기둥을 세우고 지붕 골격을 만든다. 기둥을 높이 세워 사람이 드나들 수 있도록 공간을 만들어 그 안에서 채엽도 할 수 있다. 그 지붕 골격 위에 검은색 플라스틱 망, 대나무, 짚 등 다양한 재질로 만든 차광막을 씌우는 것이 캐노피 방식이다.

햇빛 양을 통제할 수 있는 것이 케노피 방식의 장점이다. 필요에 따라 차광막을 잠시 걷어낼 수도 있고 차광막을 이중으로 설치해 햇빛을 완전히 가릴 수도 있다. 밤에는 차광막을 걷어 바람이 잘 통하게 할 수도 있다. 차나무 키보다 훨씬 위에 차광막이 있기 때문에 찻잎에 상처를 주지 않는 것도 또 다른 장점이 된다.

반면 가부세차 혹은 낮은 품질의 교쿠로, 덴차용 찻잎 재배에는 대체로 직접 차광법Direct Covering을 사용한다.

보통은 위에서 말한 검은색 플라스틱 망을 차나무 위에 직접 덮어씌운다. 차나무가 줄지어 예쁘게 있는 일본 차밭 사진들을 본 기억이 있을 것이다. 그 줄지어 있는 차나무 위에 새카만 플라스틱 망이 똑같이 줄지어

직접차광법(위)과 캐노피방식(아래)

덮여 있다고 보면 된다. 씌우는 기계도 있어 씌우고 벗겨내기도 쉽지만 햇빛 양이 통제되지 않고 바람이 불 때는 찻잎에 상처를 줄 수도 있다. 이런 요소들이 완성된 차 품질에 영향을 미치게 된다.

따라서 교쿠로와 가부세차의 차이점을 단지 차광하는 시간의 길고 짧음보다는 우마미(그리고 차광향) 정도로 구분한다. 우마미 정도로 보면 교쿠로가 가장 높고 그다음이 가부세차 그리고 센차 순서다.

이런 속성을 이용해 교쿠로 양을 좀 늘리고 싶을 때 가부세차를 블렌딩하는 경우도 있고 센차 품질을 좀 올리고 싶을 때 역시 가부세차를 블렌딩한다.

이것 말고도 가부세차의 장점이 있다. 향은 교쿠로(의 차광향)와 비슷하나, 맛은 센차처럼 신선하다는 것이다. 좋게 표현하면 교쿠로와 센차의 장점을 다 가지고 있다고 볼 수 있다.

이런 점을 이용해서 물 온도 조절을 통해 원하는 맛과 향을 즐길 수도 있다. 교쿠로의 맛과 향을 원하면 물 온도를 낮추어 조금 길게 우리고 센차의 맛과 향을 원하면 70~80도 온도에서 짧게 우리면 된다.

그럼에도 필자가 보기에는 정체성이 조금 모호하게도 느껴진다. 생산량도 적은 편이다.

6. 구키차茎茶

구키차의 구키는 한자로 경茎이라 쓰고 줄기라는 뜻을 가지고 있다. 찻잎과 같이 채엽된 줄기나 작은 가지를 활용해서 만든 차다. 가난한

옅은 색은 줄기고 짙은 ▶
녹색은 잎이다.

차농들이 찻잎은 다 판매한 후 남아 있는 줄기를 우려 마시기 시작한 것이 시작이다. 사실 손으로 채엽하면 줄기가 이처럼 많을 수가 없다. 구키차는 기계 채엽이 일반화되고 2차 가공 과정이 있는 일본녹차 산업의 특수한 상황에서 나온 차라고 볼 수 있다.

1920년경부터 시작된 도구 채엽 그리고 그 이후 기계 채엽이 일반화되면서 잎과 함께 채엽되는 줄기도 늘어나기 시작했다. 각 생산자 기준으로 보면 양이 적어 상품화되기 어려웠지만 이들이 생산한 아라차를 구입해 2차 가공하는 대규모 판매자 입장에서는 달랐다. 2차 가공의 분류 과정에서 나오는 줄기 양이 상당했다(이 동일한 분류 과정에서 뒤에 이어 설명할 메차와 고나차도 같이 나온다).

구키차 중 고급인 가리가네

고급 구키차, 가리가네

구키차도 등급이 다양한데 등급은 베이스가 되는 차 종류 혹은 그 등급에 따라 좌우된다. 교쿠로아라차에서 분류된 구키차와 센차, 반차아라차에서 분류된 구키차가 다르게 대접받는다.

특히 교쿠로(요즘은 고품질 센차도) 아라차에서 분류된 줄기로 만든 것을 '가리가네'라 부르며 상대적으로 비싼 편이다. 물론 품질도 좋다.

'가리가네かりがね'는 기러기 울음雁ヶ音을 나타낸 의성어인데, 이런 이름이 붙은 데는 꽤 슬플 수도 혹은 낭만적일 수도 있는 전설이 있다.

일본에서 가장 큰 섬인 혼슈 서북쪽 끝 해안 지방인 아오모리현 쓰가루시 바닷가에는 가을철이 되면 성냥개비 같은 작은 나뭇가지가 많이 쌓인다고 한다. 겨울을 보내기 위해 북쪽 대륙에서 바다를 건너오는 철새들이 물고 온 것인데 바다를 건너면서 힘들면 그 나뭇가지를 바다에 띄우고 쉬는 용도다. 그런데 이듬해 봄이 되어 철새들이 돌아간 후 항상 남는 나뭇가지가 생긴다. 이는 그 만큼은 돌아가지 못하는 새가 있다는 얘기다. 철새들이 '끼욱 끼욱' 소리 내는 것을 함께 돌아가지 못하는 동료들을 안타까워하면서 우는 것이라고 본 것 같다. 구키차 외형이 작은 나뭇가지와 비슷해 이런 이름이 붙여졌다고 한다.

구키차의 또 다른 이름으로 보차棒茶도 있다. 막대 봉棒 자를 붙였으니 역시 외형에서 유래한 이름이다.

마셔보면 의외로 맛있는 것이 구키차다. 떫은맛이 거의 없고 줄기에서 특유의 단맛과 감칠맛이 풍부하게 우러나고 부드럽게 느껴져 필자는 구키차를 매우 좋아한다. 게다가 카페인 함량도 적은 편이다. 줄기로 만든 차지만 너무 뜨겁지 않은 물로 우리는 것이 좋다. 마른 차에서 나는 향도 아주 좋다. 구수하면서도 신선하다. 여기서 '구수함'은 불에 볶은roast 구수한 맛이 아니라 찻잎(줄기) 자체에서 나는 구수한 맛nutty이다.

찻잎이 포함된 것이 좋은 품질

줄기로 만든 차라고는 하지만 정확하게 표현하면 '줄기 위주'로 만든 차라고 하는 것이 맞다. 필자가 마신 구키차의 마른 찻잎을 보면 밝은 연두색 줄기와 짙은 녹색 찻잎이 거의 반반 섞여 있다. 줄기만을 마시고 싶어서 마신 것이 아니라 찻잎을 팔고 난 후 마실 것이 없어 줄기를 마신 것이니 구키차라도 찻잎이 많이 포함되면 될수록 품질이 좋은 것은 당연하다.

일반적으로 구키차 중 고급에 속하는 가리가네는 그냥 마시고, 반차에서 나온 등급이 낮은 구키차는 볶아서 뒤에서 설명할 호지차(정확히는 구키호지차)로도 만든다.

　물론 가리가네를 가지고 등급 높은 구키호지차를 만들 수도 있다. 실제로 판매도 하고 있다.

7. 고나차 紛茶, Kona cha

　앞선 구키차와 지금 설명할 고나차, 이어지는 메차, 이 셋을 데모노차出物茶(부산물 차)라고도 부른다. 셋 모두 아라차를 2차 가공하는 과정에서 분류되어 나오기 때문이다. 마찬가지로 셋 모두 1920년대 도구 채엽(이후에는 기계 채엽)이 본격화하면서 등장했다는 공통점도 있다. 또 하나의 공통점은 아라차 품질(등급)에 따라서 이들 차의 품질(등급)도 결정된다는 것이다. 이 책 가장 앞부분에서 언급한 일본녹차의 특징 중 하나인 "채엽한 것은 버리지 않고 모든 것을 사용한다"는 일본인의 철학을 반영한 차라고도 할 수 있다.

　구키차가 줄기를 분류한 것이라면 고나차는 분류 후 가장 아래에 남은 찻잎 부스러기flake로 만든 것이다. 녹차 잎을 인위적으로 분쇄한 가루 녹차와는 전혀 다르다. 일본어 표기도 고나차는 분粉[예를 들면 센차분(煎茶粉), 옥로분차(玉露粉茶) 등]으로, 가루 녹차는 분말粉末[예를 들면 분말센차(粉末煎茶), 분말차(粉末茶) 등]로 정확히 구분해서 표시한다.

　품질에 따라 외형도 다르고 맛과 향도 많이 다르다. 지금 필자가 참고하고 있는 것은 다양한 색조를 가진 찻잎 가루를 모아놓은 것처

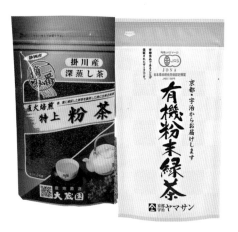

고나차(좌)와 가루녹차(우)는 분차와 분말차로 일본어 표기에서 구분할 수 있다.

럼 보인다. 녹색을 띠고 센차처럼 바늘모양 외형(작
긴 하지만)을 한 것도 있고, 조각 모양도 있다. 그리
고 밝은 연두색의 작은 줄기도 섞여 있다. 감칠맛
이 풍성하고 바디감도 강하다. 구입한 곳과 가격
을 고려할 때 아마 교쿠로아라차나 고급센차아라
차에서 분류된 것 같다. 일본녹차는 판매처와 이들
의 블렌딩 실력이 중요한데 당연히 고나차도 블렌딩한
것이다. 하지만 품질 낮은 고나차는 저렴한 녹차로 여겨져
티백이나 녹차 추출물을 만들 때 그리고 일식집에서 물 대신 제공
하는 녹차에도 많이 쓴다.

▲ 고급 고나차는 가루
라기 보다는 작은 잎
무더기처럼 보인다.

  구키차와 마찬가지로 좋은 아라차에서 분류한 것은 패키지에 센차 고
나차, 교쿠로 고나차 등 다양한 방법으로 좋은 품질이라는 걸 드러낸다.
낮은 가격에 낮은 품질이면 그냥 고나차라고 표시되어 있다.

고나차 수색은 짙은 녹색이고 우린 차에도 찻잎가루가 많이 보인다.

8. 메차芽茶, Mecha

메차는 가성비가 좋은 녹차이나 고품질차의 부산물
이다 보니 생산량이 많지 않다.

구키차, 고나차와 함께 데모노차 중 하나
다. 이들과 다른 점만 설명하겠다. 메차는 아
라차의 2차 가공 중 분류되어 나오는 싹이나
어린잎의 부서진 조각이 주를 이룬다. 주로는
싹이 많기 때문에 차 이름도 싹을 뜻하는 메
차芽茶다. 일본녹차 가공의 특징 중 하나는 싹
을 그렇게 귀하게 여기지 않는다는 것이다.
따라서 채엽도 싹이 어린잎으로 자라난 후 한
다. 아마도 가공 과정 특히 유념 과정(손으로
하든 기계로 하든)이 거칠기 때문에 싹이 이 과
정을 견디지 못하기 때문일 것이다. 아주 어린잎 또한 마찬가지다. 하지
만 기계로 채엽할 때 싹이나 아주 어린잎을 완전히 제외할 수는 없다. 따
라서 1차 가공 후 아라차에는 당연히 싹도 포함되어 있다. 다만 바늘 모양
대신 부숴진 형태로 조각 혹은 작은 덩어리 모양의 외형을 가지며 이들은
2차 가공 때 분류되어 나오게 된다. 이런 이유로 고나차만큼 크기가 작지
도 않고 수색도 대개의 고나차만큼 불투명하지도 않다.

그리고 싹이나 어린잎이 많이 들어 있다는 것은 교쿠로나 고급 센차를
만들기 위한 채엽이었을 가능성이 높다. 게다가 싹이나 어린잎으로 만든
차는 기본적으로 맛과 향이 풍부하다. 다만 바늘 모양 외형을 중시하는
일본인 취향으로 인해 이 차들이 대접을 못 받을 뿐이다. 실제로 일본에
서도 품질은 좋고 가격은 비교적 저렴한 가성비 훌륭한 차로 알려져 있
다. 다만 고품질 차의 부산물로 나오는 것이라 양이 많지 않아 구하기가
쉽지 않다.

9. 호지차焙じ茶, Houjicha

어떤 종류 녹차든 볶은Roasting 것이면 다 호지차라고 한다. 일반적으로는 줄기를 볶은 구키호지차가 많이 알려져 있지만 잎차(보통 반차)를 볶은 반차호지차도 있다. 베이스 차 등급에 따라 호지차 등급도 달라진다. 예를 들면 구키호지차라면 구키 즉 줄기가 센차아라차 혹은 반차아라차에서 분류된 것인지 교쿠로아라차에서 분류된 것인지에 따라서 가격도 다르고 맛과 향도 다르다. 대부분의 구키호지차는 낮은 등급 센차나 반차아라차에서 분류된 품질 낮은 줄기를 사용한다. 물론 앞 구키차에서 언급한 것처럼 가리가네를 이용하여 호지차로 만들 수도 있다. 이론적으로는 반차 외에 센차를 가지고도 호지차를 만들 수는 있지만 현실성이 없다.

호지차도 1920년경 우지에서 처음 개발되었다. 구키차와 마찬가지로 당시 일반화되기 시작한 도구 채엽 영향이다. 처음엔 버렸던 줄기를 대규모 판매자들이 볶기 시작해 교토 중심으로 유행시켰다.

▲ 구키호지차(위)와
반차호지차(아래)

맛과 향

줄기든 잎이든 고온에서 천천히 볶아 줄기도 잎도 이들을 우린 수색도 적갈색을 띤다. 떫은맛이 없고 구수하고 강한 태운 향이 매력적이다. 하지만 바디감은 없는 편이다. 뜨겁게 끓인 물에 바로 우려야 되고 이렇게 우려야 향이 더 좋기도 하다.

바로 위에서 언급한 호지차 맛과 향의 특징들은 대부분 볶는 과정에서 생긴다. 우선 피라진pyrazine이 생성되는데, 덖음 녹차에서 구수한 향기를 내는 성분으로 잘 알려져 있다. 고온에서 상대적으로 오래 볶음으로 인해 호지차에서는 더 강하게 발현된다.

볶는 과정은 찻잎 속 카데킨과 테아닌 함량도 크게 줄인다. 호지차가 떫은맛이 없고 바디감과 우마미가 느껴지지 않는 이유다.

카페인이 적다

호지차의 가장 큰 장점으로 드는 것이 카페인 함량이 적다는 점이다. 그래서 늦은 밤에도 마실 수 있고 어린이들도 마실 수 있다고 알려져 있다. 줄기에 카페인 함량이 매우 적고, 반차를 만드는 찻잎도 다 자란 잎이어서 카페인이 적은 이유도 있지만, 볶는 과정도 영향을 미친다. 섭씨 약 200도 정도의 회전하는 드럼에서 볶는 경우가 많은데 카페인은 속성상 178도에서 승화하기 시작한다. 볶는 시간이 길수록 카페인은 더 줄어든다. 그런데 최근 자료들에 따르면 호지차에 카페인 함량이 적은 것이 볶는 과정과는 별 상관이 없다는 내용도 있다. 호지차를 만드는 원료인 줄기나 반차에 카페인 함량이 적은 것이 주원인이라는 것이다. 차 연구는 계속 진행되니 시간이 지나면 정확한 이유가 밝혀질 것이다. 원인이 무엇이든 호지차에 카페인 함량이 적은 것은 분명하다.

다양한 호지차

구키차와 마찬가지로 구키호지차도 찻잎 비율이 높을수록 고품질이며 (상대적으로) 바디감도 더 있고 향도 더 풍부하다.

구키호지차는 특히 신선할 때는 커피 향이 강하게 느껴지고 수색도 거의 커피와 같다.

반차호지차 같은 경우는 볶는 과정에서 잎이 풀리는 경우가 많아 마른 찻잎이 단정해 보이지 않는다.

일반적으로는 제품 패키지에 잎차(반차)호지차인지 구키호지차인지를 구별하지만 가끔씩 그냥 호지차라고 표기되어 있는 경우도 있다. 이때는 안에 든 것이 어떤 종류인지 확인할 필요가 있다.

앞서 반차에서 소개한 교토반차(교반차, 京都茶)도 따지고 보면 호지차다. 유념하지 않은 찻잎을 볶았다는 차이점과 생산지가 주로 우지에 한정되어 '교토반차'라고 이름을 붙였을 뿐이다.

오래되어 신선한 맛이 없어진 녹차를 볶아서 호지차로 만들기도 한다.

호지차는 찻잎 색상도, 수색도, 맛도, 전혀 녹차 같지 않지만 분류상 녹차에 포함시키고 있다.

10. 겐마이차 玄米茶, Genmaicha

주로는 반차에 볶은 현미를 섞은 차다. 겐마이차 역시 1920년대 우지에서 처음 개발되었다.

채엽 한 찻잎이나 가공한 차를 다 팔아버린 후 정작 자신들이 마실 차가 부족한 농민들이 볶은 현미를 섞어서 차의 양을 늘리려고 한 것이 시작이었다. 따라서 처음엔 낮은 가격으로

우리나라 현미녹차는 겐마이차에서 유래했다.

▲ 맛차를 섞은 겐마이차

공급된 농부들을 위한 음료였다. 낮은 가격뿐만 아니라 현미의 고소하고 달콤한 맛이 속을 편하게 해줘 마시기가 부담스럽지 않다는 것을 알게 되면서 곧 서민들이 애용하는 일본의 국민차가 되었다.

팝콘 차Popcorn Tea라는 별칭도 있는데 현미를 볶을 때 팝콘 튀길 때와 비슷한 소리가 난다고 해서 붙은 이름이다.

일반 녹차보다는 카페인 함량이 낮은 편이다. 찻잎과 현미를 섞는 비율에 따라 맛도 가격도 다른 다양한 종류가 있다.

우리나라에서 유행하는 현미녹차의 원조다. 우리나라 소비자들은 시중에서 판매하는 그냥 '티백녹차'보다 '티백현미녹차'를 훨씬 더 선호한다. 아마도 고품질인 아닌 티백녹차의 쓰고 떫은 맛보다는 '티백현미녹차'의 구수한 맛이 입맛에 더 맞기 때문일 것이다.

겐마이차에 맛차를 블렌딩한 맛차이리겐마이차抹茶入り玄米茶도 있다. '이리入り'가 넣는다는 뜻이니 맛차를 섞은 겐마이차가 된다. 겐마이차와 비슷하나 맛차 가루로 인해 외형이 녹색을 띤다. 겐마이차의 수색은 연한 미색(연황색)인 반면 맛차이리겐마이차는 녹색을 띤다. 아무래도 차 맛이 더 강하게 느껴진다.

최근에는 포트넘앤메이슨에서도 예쁜 디자인 틴에 겐마이차를 판매하고 있다. 미국 회사인 하니앤손스에서도 맛차이리겐마이차를 판매하는 등 세계적으로도 널리 음용되고 있다.

11. 다마료쿠차玉綠茶, Tamaryokucha : 가마이리차와 구리차

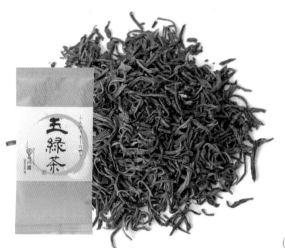

다마료쿠차는 찻잎 외형이 바늘 모양이 아니다.

다마료쿠차玉綠茶는 한자로 보면 구슬 모양 녹차라는 뜻을 가지고 있다. 일본 발음인 다마료쿠차 역시 다마(구슬)와 료쿠차(녹차)가 합쳐진 것이다. 이름처럼 대부분 일본녹차와는 달리 이 차는 바늘 모양의 외형을 가지고 있지 않다. 우리나라 음용자 사이에서는 부르는 명칭이 비슷해서인지 옥록차(다마료쿠차)와 옥로[교쿠로(玉露)]를 헷갈려 하시는 분들이 가끔 있다. 이 둘은 전혀 다른 차다.

다마료쿠차로 분류되는 것에는 두 가지가 있다. 이 둘은 외형이 바늘 모양이 아니라는 점만 공통점이고 가공 방법과 역사가 전혀 다른 녹차다.

가마이리차釜炒り茶

가마이리차는 솥(가마)에서 덖은 차라는 뜻이다. 즉 솥에서 살청하고 솥에서 건조한, 우리나라 방식인 덖음 녹차 가공법으로 만든 녹차다. 따라서 외형도 우리나라 녹차와 비슷하다. 수색도 일본식 증청 녹차보다는 녹황색을 띠는 우리나라 녹차와 비슷하다

일본 덖음 녹차 가공법에 관해서는 여러 가지 전래설이 있다. 그중 1440년 무렵 히라도에 정착한 명나라 도공들이 자신들이 마실 녹차를 명나라식 가공법으로 만들면서 주위에 전해졌다는 것이 일반적 이야기다. 1440년이면 명나라에서 덖음 방식으로 만든 잎 녹차가 보편화된 시기다.

나가사키현 히라도平戸는 대륙이나 한반도에서 건너가면 보통 가장 먼저 도착하는 곳이다. 그리고 12세기 말 에이사이 선사가 남송에서 차 씨앗을 가져왔을 때 교토 인근 도가노오산뿐만 아니라 나가사키현 히라도와 인접한 사가현에도 심게 했다는 것은 앞에서도 말했다. 따라서 1440년 무렵 히라도에는 차나무가 적어도 야생 상태로라도 자라고 있었을 것이다.

다마료쿠차 전체를 다 합쳐도 일본녹차 생산량의 1퍼센트도 채 안 되고 일본 유일의 덖음 녹차인 가마이리차는 더 적은 편이다. 대부분의 가마이리차는 규슈 나가사키현, 사가현, 구마모토현, 미야자키현에서 생산된다.

우리나라 녹차와 비슷하게 솥 덖음으로 만든 가마이리차.

구리차ぐり茶

구리차는 센차와 가공법이 거의 동일하다. 증청 과정도 동일하다. 다만 센차 유념 과정은 '조유 – 유념 – 중유 – 정유' 4단계로 이루어져 있는데, 구리차는 바늘 모양으로 정형하는 마지막 정유 단계가 생략된 것이다. 따라서 맛도 센차와 거의 비슷하나 외형만 센차의 바늘 모양 대신 약간 굽은 모양이다.

구리차는 역사가 짧은 편인데 1920~1930년대 러시아로 수출하기 위해 처음 만들어졌다. 이와 관련해서는 약간의 배경 설명이 필요하다.

일본 에도 막부는 1850년대 말 미국을 포함한 서구 국가들과 통상조약을 체결하면서 세계 시장에 편입된다. 무역이 시작되면서 초기부터 일본 수출량 1위는 생사生絲였고 2위가 녹차였다.

처음 일본녹차를 가장 많이 수입한 나라는 영국이었는데, 홍차를 마시는 영국인들 기호에는 맞지 않았다. 이에 새로운 시장으로 등장한 나라가 미국이었다. 미국은 이후 오랫동안 일본녹차의 최대 시장이 된다.

<u>탄생 배경</u>　중국에서만 (홍)차를 수입하던 영국은 1860년대 무렵부터 자신들 손으로 인도 아삼에서 본격적으로 홍차를 생산하기 시작한다. 처음에는 생산량이 적어 전량을 영국으로 가져갔다. 곧이어 스리랑카에서도 홍차 생산이 시작되고 시간이 지나면서 인도와 스리랑카 생산량이 점점 더 늘어났고 1900년대를 지나면서는 영국 내 소비를 충족시키고도 물량이 남기 시작했다.

이에 남는 홍차를 소비할 새로운 시장이 필요했다. 영국이 눈을 돌린 곳은 인도와 미국이었다. 1900년경 만 해도 인도인은 거의 홍차를 마시지 않았다. 영국인의 홍차 판매 전략에 의해 인도 상류층이 처음 홍차를 마시기 시작한 것이 1905년 무렵이며 어느 정도 확산된 것이 1930년대다. 홍차를 연간 100만 톤 이상 소비하면서 국가별로 볼 때 세계 최대 홍차 소비국인 인도가 홍차를 본격적으로 마신 것이 채 100년이 안 된다.

아이스티 역사를 말할 때 확산의 한 시발점으로 1904년 미국 세인트 루이스 만국 박람회를 자주 언급한다. 박람회에서 인도 홍차를 홍보하던 리처드 블레친든Richard Blechynden이 더운 날씨로 인해 방문객들이 뜨거운 홍차에 관심을 갖지 않자 급한 마음에 얼음을 부어 차갑게 만들어 호응을 얻었고, 이후 미국에서 아이스티가 유행했다는 내용이다.

1904년 블레친든이 미국에서 인도 홍차를 홍보한 배경에는 위에서 설명한 미국 홍차 시장 확대를 위해 영국이 취한 전략이 있었던 것이다.

러시아 수출을 위해　이런 노력 덕분인지 미국에서 홍차 소비가 점점 더 늘어나고 그만큼 일본녹차에 대한 수요가 줄어들었다. 일본 측에서는 줄어드는 미국 수출량을 대체하기 위한 새로운 시장이 필요했고 그것이 러시아였다.

그런데 러시아는 이미 중국 녹차 형태에 익숙해져 있었다. 결국 러시아로 수출할 목적으로 외형을 중국 녹차 형태로 바꾸기 위해 센차 가공 과정 중 바늘 모양으로 성형하는 마지막 정유 과정을 생략한 것이 구리차다.

대만 일월담 홍차 탄생도 거의 같은 배경을 갖고 있다. 대만을 식민통치하던 일본은 수출 목적으로 홍차 생산량을 늘렸다. 처음엔 중국종 차나무로 생산했으나 수출용 홍차의 품질 개선을 위해 1920년 중반 아삼종 차나무를 수입하게 된다. 아삼종 차나무가 자라기에 적합한 곳이 일월담 호수 주변 지역으로 연중 비가 많이 오고 습한 기후가 아삼과 유사했다. 이후 일월담 지역은 대만 홍차 생산의 중심지가 되었고 1999년 대차臺茶 18호 즉 오늘날의 홍옥이 개발되어 현재 전성기를 누리고 있다. 일월담 홍차인 홍옥은 대만 야생 차나무 품종과 버마 아삼종의 교배종이다. 1920년대 대만 홍차를 수입한 나라 중 하나가 역시 러시아였다.

제2차 세계대전 이후에는 모로코에도 수출되었는데 중국 녹차인 건파우더와 경쟁했다. 하지만 결국엔 중국 녹차에 밀려 수출 시장이 점점 줄어들자 생산량도 줄어들었다. 현재 소량 생산되어 명맥을 유지하고 있을 정도다. 주 생산지는 규수 사가현이다.

▲ 구리차. 정식명칭은
미시세이다마료쿠
차다.

우리나라에서 생산되는 구리차

의외로 우리나라에서도 구리차(증제옥록차) 스타일의 녹차가 꽤 많이 생산되고 있다. 녹차 음용자들 중 많은 분이 우리나라 녹차는 전부 다 덖음녹차라고 알고 있다. 하지만 일본의 센차 가공 기계가 수입되어 센차 가공법으로 생산되는 물량이 실제로는 더 많다. 당연히 증청법을 사용한다. 일본 센차와의 차이점은 구리차처럼 마지막 정유 과정을 생략하고 대신에 덖음 과정을 넣은 것이다. 우리나라 사람들이 선호하는 구수한 향을 내기 위해서다. 이렇게 생산되는 우리나라 녹차를 구수한 향이 더해진 구리차라고 볼 수도 있겠다.

이렇게 만든 증제옥록차 스타일의 녹차는 주로 티백 등으로 가공되어 대량 판매되는 용도이고 우전, 곡우, 세작 등의 이름으로 판매되는 잎차는 대부분 덖음 녹차다.

구리차의 공식 명칭은 미시세이다마료쿠차蒸製玉綠茶다. 왜 구리차로 부르기 시작했는지에 관해서는 알려진 바가 없다. 다만 여러 설 중 하나가 '구리'에 일본어로 둥글다라는 의미가 있고 차 외형이 둥글기 때문(바늘 모양에 익숙한 일본인에게는 둥글게 보였을 수도 있다)이라는 추론이 있긴 하다.

12. 가루녹차

가루녹차는 일반 녹차를 분쇄한 것이다. 보통은 등급 낮은 센차를 분쇄한다. 외형으로만 언뜻 보면 가루녹차와 맛차의 구별이 쉽게 안 될 수도 있다. 하지만 이미 앞에서 설명한 것처럼 맛차는 찻잎 재배 과정과 가공 과정이 전혀 다르다. 가루녹차는 요리나 제과에 주로 사용한다. 녹차 케이크, 녹차 아이스크림, 녹차 라테 등 최근 들어 용도가 점점 더 늘어나고 있다. 물론 물에 타서(찻잎도 함께 마시니 우린다고 표현하기에는 적합하지 않은 것 같다) 마시는 녹차 용도로도 사용된다. 물에 타서 마시는 용도로는 등급 낮은 고나차도 사용된다.

분쇄된 녹차 형태로 외형은 비슷하지만 가루녹차와 고나차는 차이가 분명하다. 가루녹차는 주로 센차를 인위적으로 분쇄한 것이지만 고나차는 아라차를 2차 가공하는 과정에서 분류되는 아주 작은 찻잎 부스러기다. 사실 외형도 어느 정도 차이가 있다. 가루녹차는 보기에도 아주 미세하고 균일하다. 만지면 부드럽기가 이루 말할 수 없다. 물에 탄 후에도 여전히 미세한 입자 형태를 유지한다. 하지만 고나차는 다양한 형태와 크기의 찻잎이 섞여 있고 우리고 난 후에는 비록 작지만 나름 찻잎 모양을 띤다. 일본어 표기에서의 차이점은 고나차에서 설명했다. 가루녹차는 영어로 센차파우더Sencha Powder, Powdered Sencha로 표기한다.

4부 한일 녹차의 비교와 일본녹차의 특이점

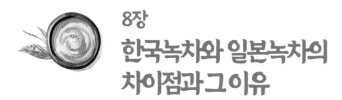

8장
한국녹차와 일본녹차의
차이점과 그이유

우리나라 녹차와 일본녹차는 같은 녹차임에도 다른 점이 상당히 많다. 맛과 향에서도 다르고 외형, 수색, 엽저에서도 차이가 있다. 이를 각각 구분해서 자세히 비교해보고 이런 차이를 가져오는 원인도 알아보겠다.

1. 찻잎 외형

우리나라 녹차 외형은 약간 비틀린 굽은 모양이다. 반면 일본녹차는 바늘 모양이라고 표현되듯 직선에 가깝다. 이 차이는 어디에서 오는 것일까.

유념 방법의 차이 즉 유념하는 손놀림이나 기계 동작의 차이다. 우리나라 녹차 유념은 찻잎에 상처를 내고 부피를 줄이는 본래 목적에 충실하다. 하지만 일본은 이런 두 가지 목적 외에도 찻잎을 곧은 바늘 모양으로 만들고자 의도적인 동작을 한다. 기계 유념도 마찬가지다. 우리나라 유념기는 전 세계적으로 사용하는 방식의 유념기로 이 유념기계에서는 다소 비틀린 굽은 모양의 찻잎 형태가 만들어진다. 중국이나 한국에서 만들어진 녹차 대부분, 인도와 스리랑카에서 만들어진 높은 등급 홍차 대부분은 이런 형태를 띤다. 반면 앞에서 본 일본녹차 유념 과정에서 네 번째에 해당하는 정유 단계는 찻잎을 의도적으로 곧은 바늘 모양으로 만들게 되어 있다.

수많은 종류의 녹차를 생산하는 중국에는 그야말로 수많은 형태의 외형을 가진 녹차가 있다. 우리가 알 수 없는 여러 가지 요인, 즉 역사, 전통, 관습, 전설 등이 반영된 결과일 것이다. 마찬가지로 일본녹차도 이런 여러 가지가 반영되어 독특한 형태를 띠게 되었다고 본다. 굳이 추측을 하자면 나가타니 소엔이 중요하게 생각한 찻잎의 깔끔한 녹색을 더 두드러지게 보이게 하는 것이 바늘 모양이 아니었을까 생각한다.

우리나라 녹차(좌)와 일본녹차는 찻잎 외형에서 뚜렷이 구분된다.

2. 맛과 향, 마른 찻잎의 색깔

찻잎 생김새뿐만 아니라 마른 찻잎의 색깔도 차이점이 있다. 우리나라 녹차가 황록색·회록색 계열이라면 일본녹차는 조금 짙은 녹색에 가깝다. 이러한 차이가 생기는 원인은, 맛과 향의 차이가 생기는 원인과 거의 같다. 다소 복잡한 듯 하지만 하나하나 설명해보겠다.

우선 마른 찻잎의 색깔 차이는 어디서 오는 걸까. 일본녹차 찻잎 색이 짙은 녹색에 가깝다는 것은 어떻게 보면 채엽할 당시의 원래 찻잎 색과 가깝다는 뜻이기도 하다. 마른 찻잎 색상에 영향을 줄 수 있는 첫 번째 요인은 위조와 산화다. 일본녹차는 위조 과정이 거의 없이 채엽 후 가능한 즉시 증청한다. 따라서 채엽 당시의 찻잎 색깔을 유지할 수 있다. 반면 우리나라는 보통 서너 시간 전후의 짧은 위조 과정이 있다. 위조는 찻잎의 수분을 날려 보내는 시들리기가 주목적이지만 그 동안 아주 약하지만 산화도 일어날 수밖에 없다. 홍차 찻잎이 검은색에 가까운 적색을 띠는 것은 산화 과정에서 찻잎 속 엽록소가 검은색 색소인 페오피틴Pheophytins으로 전환되기 때문이다. 녹차 위조는 홍차에 비하면 훨씬 짧지만 농시에 진행되는 짧은 산화로 아주 미세하게 엽록소의 전환이 일어난다. 시간이 너무 짧아 적색까지는 못가지만 녹색이 아주 살짝 옅어지는 변화가 생기는 것이다. 이 짧은 위조 과정(그리고 산화도)이 우리나라 녹차와 일본녹차의 마른 찻잎 색깔을 다르게 만들고 동시에 맛과 향에도 영향을 미친다.

위조 과정 생략

우리나라 녹차는 구수한 맛과 향이 특징이다. 일본녹차는 식물 자체에서 나는 다소 야채스럽고 식물스러운 맛을 가지고 있다. 게다가 감칠맛

(우마미)이 두드러진다. 앞에서 일본녹차 색깔이 채엽 당시의 원래 색에 가깝다고 했고, 원인은 위조(그리고 산화) 과정이 (거의) 없는 것이라고 했다. 같은 이유로 일본녹차는 식물 자체의 맛이 두드러진다.

찻잎의 수분을 날려 보내는 위조 과정 동안 찻잎 속 성분들이 서로 반응하면서 향 성분들을 만들어낸다. 홍차는 15시간 전후의 위조 동안 아주 다양하고 풍부한 맛과 향 성분을 발현시킨다. 우리나라 녹차는 비록 짧은 위조 시간이지만 성분들의 상호작용으로 미약하나마 새로운 향 성분을 발현시킨다.

하지만 위조 과정이 거의 없는 일본녹차는 새로운 향 성분 발현이 억제되고 식물(찻잎) 자체의, 식물(찻잎) 고유의 맛만 나는 것이다.

메일라드 반응

찻잎의 색깔, 맛, 향에 영향을 미치는 두 번째 요인은 살청과 건조 방법이다.

우리나라 녹차는 살청과 건조를 섭씨 200~300도에 이르는 고온의 솥에서 한다. 건조 과정이 반복될수록 수분은 증발하고 찻잎은 금속 재질의 고온의 솥 안에서 상당히 높은 온도까지 올라가게 된다. 이런 고온 상태에서 찻잎 속 아미노산과 당(糖) 성분이 결합하여 구수한 맛을 내는 새로운 성분을 만들어낸다. 이것을 메일라드 반응[혹은 마이야르 반응(Maillard Reaction)]이라고 부른다. 식빵을 토스터기로 구울 때 표면이 갈색으로 변하면서 구수한 맛이 나는 것과 같은 현상이다. 솥에서 살청과 건조를 하는 우리나라 녹차와 중국 녹차가 달콤하면서도 구수한 맛과 향이 나는 까닭이 이 메일라드 반응으로 인한 것이다. 찻잎 색깔 역시 뜨거운 솥에서 건조를 거듭할수록 짙은 녹색에서 점점 회록색으로 변해간다. 만일 더 오

대부분의 우리나라 녹차는 살청과 건조가 고온의 솥에서 이루어진다.

랜 시간 반복한다면 결국은 갈색으로 타버릴 것이다. 식빵을 토스터기에 잠깐 구우면 연한 갈색이지만 오래 두면 결국엔 새카맣게 타버린다. 찻 잎 속 수분이 거의 없어진 시점 기준으로 본다면 메일라드 반응이 일어 난 시간은 매우 짧아 찻잎 색상이 황록색, 회록색 수준에 머문 것이다.

일본녹차는 메일라드 반응이 일어날 수 있는 과정이 없다. 살청도 증청 법으로 하고 건조도 호이로나 뜨거운 열풍으로 한다. 이 정도의 온도로 는 메일라드 반응이 일어날 수 없다. 따라서 우리나라 녹차처럼 구수한 맛과 향이 나지 않는 것이다.

두 번째 덖은 찻잎(위)과 아홉 번째 덖은 찻잎(아래). 찻잎 색상이 회록색으로 변했다.

3. 엽저

엽저의 색깔 차이는 결국 위해서 설명한 모든 것을 반영하고 있어 다시 설명할 필요가 없을 것이다. 다만 엽저 외형에 있어서는 우리나라 녹차는 손 채엽으로 인해 온전한 찻잎 모양을 띠고 있는 경우가 많다. 기계 채엽한 일본녹차에서 이런 온전한 모습을 보기는 매우 어렵다. 물론 손으로 채엽하고 손으로 유념한 고급 녹차는 온전한 잎의 형태를 띠고 있다.

4. 수색

우리나라 녹차 수색이 녹황색綠黃色 계열이라면 일본녹차는 황록색黃綠色 계열이라고 표현할 수 있다. 녹색을 띤 노란색인지(녹황색), 황색을 띤 녹색인지(황록색) 정도의 미묘함이지만 분명 차이는 있다. 이 차이의 원인을 알아보기 전에 전형적인 녹차 수색에 대해 먼저 알아보자

"녹차 수색은 녹색 계열인데, 홍차 수색은 왜 적색 계열인가?" 누구나할 수 있는 간단한 질문이다. 하지만 답은 결코 간단하지 않다.

홍차 수색이 적색인 이유

찻잎 속에는 폴리페놀이 들어 있고 이 폴리페놀의 대부분을 차지하는 것이 카데킨이다. 산화 과정에서 카데킨의 산화중합반응酸化重合反應에 의해 테아플라빈이 먼저 생기고 산화가 더 진행되면 테아루비긴이라는 성분이 생긴다. 테아플라빈은 오렌지색 계열이며, 테아루비긴은 적색·구릿

홍차의 붉은 수색은 카데킨이 산화된 결과다.

빛 계열이다. 대부분의 홍차는 산화가 많이 되어 수색 역시 대부분 적색을 띤다. 반면 다즐링 퍼스트 플러시처럼 산화가 적게 된 홍차의 수색은 옅은 오렌지색 혹은 호박색琥珀色을 띤다. 심지어 최근 아주 약하게 산화된 다즐링 퍼스트 플러시는 거의 녹황색이라고 할 정도다. 이것이 홍차 수색이 적색인 이유를 간단히 설명한 것이다(졸저 『홍차 수업 2』에 이와 관련하여 자세한 내용이 있다).

녹차 수색이 녹색인 이유

그렇다면 녹차 수색은 왜 녹색인가. 먼저 떠오르는 것이 카데킨이다. 카데킨이 산화중합되어 홍차의 적색을 가져왔으나, 산화 과정이 없는 녹차는 카데킨이 산화되지 않았다. 그렇다면 카데킨으로 인해 찻물이 녹색 빛깔을 띠는 것인가. 하지만 카데킨 자체는 무색이라 수색에 영향을 미치지 못한다.

또 쉽게 생각할 수 있는 답이 엽록소다. 녹차의 녹색 찻잎 속에 포함되어 있는 엽록소로 인해 녹색을 띠는 것은 아닐까. 엽록소는 지용성이라 물에 녹지 않아 이것 역시 녹차 수색과는 직접적 관련이 없다.

그렇다면 녹차 수색이 녹색인 이유는 무엇인가. 앞에서 "찻잎 속에는 폴리페놀이 들어 있고 이 폴리페놀의 대부분을 차지하는 것이 카데킨이다"라고 했다.

찻잎 속에 들어 있는 폴리페놀 중 카데킨[플라바놀(Flavanols) 계열]을 제외한 나머지 폴리페놀, 주로 플라보놀Flavonols 계열이 녹색, 황색 색소로 이루어져 있고 이들이 우려져 나와 녹차의 녹색 수색에 영향을 미치는 첫 번째이자 가장 큰 이유가 된다.

그리고 이것은 우리나라 녹차와 일본녹차 수색에 동일하게 작용한다. 엽록소 자체는 물에 녹지 않지만 고온의 열에 노출되면 가수분해되어 일부가 물에 녹는 클로로필린Chlorophyllin 성분으로 전환된다. 이 클로로필린이 주로 녹색 수색에 영향을 미친다. 두 번째 이유다. 비산화차인 녹차도 불가피하게 어느 정도 산화는 이루어질 수밖에 없다고 반복해서 설명했다. 이 조금의 산화로 인해 카데킨의 산화중합반응이 시작되고 아주 미미하지만 테아플라빈의 오렌지색 성분이 만들어진다. 황색 수색에 영향을 미치는 요소로 세 번째 이유다.

우리나라 녹차와 일본녹차의 수색 차이

미리 말한 것처럼 결코 간단한 내용은 아니다. 바로 앞에 언급된 이유들을 가지고 우리나라 녹차의 녹황색, 일본녹차의 황록색 차이의 원인을

우리나라 녹차 수색

설명해보겠다.

녹색 계열 수색에 주로 영향을 미치는 엽록소의 가수분해 성분인 클로로 필린은 고온에서 생성되는데 증청 방식에서 더 많이 나타난다. 일본은 증 청 녹차다. 또 일본녹차는 채엽 즉시 증청하기에 위조 과정이 거의 없고 산 화도 거의 일어나지 않는다. 따라서 덖음 녹차의 옅은 황색 계열 수색에 영 향을 미치는 짧은 위조와 산화로 인한 카데킨의 전환도 일어나지 않는다.

정리하면 플라보놀 계열의 색소는 모든 녹차 수색에 중립적으로 작용 한다. 하지만 살청에서의 증청 방식이 녹색 요소인 클로로필린을 늘이고 위조 과정 없음이 황색 요소인 테아플라빈 생성을 억제하는, 우리나라 녹차와 대비되는 이 두 가지 효과가 일본녹차 수색을 조금 더 녹색에 가 깝게 하는 미세한 차이를 가져오는 것이다.

결국은 수색 차이도 맛과 향, 찻잎 색상의 차이와 거의 똑같은 이유에 서 생긴 것이라 볼 수 있다.

증청 시간 길이도 수색에 영향

그런데 일본녹차라고 수색이 다 비슷한 것은 아니다. 위에서는 주로 고 품질 일본녹차를 염두에 두고 설명했다. 우리가 쉽게 접하는 일본녹차는 황록색이라고 하기에는 녹색을 좀 많이 띠는 편이다. 이는 증청 시간 길 이와 관련이 있다. 일본에서 편하게 마시는 대부분의 녹차는 후카무시센 차深蒸煎茶로 증청 시간이 1~2분으로 상당히 길다. 증청 시간이 길면 이 어지는 가공 과정에서 찻잎이 더 잘게 부수어지고 이 미세한 찻잎 조각들 이 우린 차 속에 부유하게 된다. 이로 인해 수색이 짙고 다소 탁한 녹색 을 띠는 이유가 되기도 한다. 후카무시센차는 9장에서 자세히 다루었다.

5. 나가타니 소엔이 증청법을 택한 이유

그렇다면 일본(나가타니 소엔)은 왜 위조도 하지 않고 솥 살청, 솥 건조 방법도 택하지 않았을까?

나가타니 소엔이 센차 가공법을 개발할 당시 일본에도 솥 덖음 살청법이 알려져 있었다. 당연히 솥 건조 방법도 알려져 있었다. 그럼에도 소엔은 솥 살청도 솥 건조도 선택하지 않았다. 살청 방법으로는 증청법을 선택했고, 솥 건조 대신 뜨거운 나무판을 사용하는 호이로를 개발했다.

지금의 관점에서 볼 때 증청법은 일본 특유의 살청법이라고 할 수 있다. 물론 시작은 중국이 했다. 중국 차 음용 역사 초기부터 당·송 시대까지 덩이차餠茶를 만들 때는 증청법을 사용했다. 하지만 명나라 때에 덩이차·단차團茶가 폐지되고 잎차가 일반화되면서는 거의 다 솥 살청으로 전환되었다. 현재 중국이 생산하는 수백 종류 녹차 중에서 증청법을 사용하는 것은 은시옥로恩施玉露, 몽정감로蒙頂甘露 등 극히 일부에 불과하다.(우리나라는 막연한 추측과는 달리 주로 대기업을 중심으로 대량 생산하는 곳은 증청법을 사용한다. 자세한 내용은 7장 다마료쿠차 부분 참조)

일본인 입맛에 맞는 녹차를 만들기 위해

그러면 소엔은 왜 증청법과 호이로를 이용하는 건조법을 택했을까? 소엔은 뜨거운 솥에서 살청과 건조를 하고 싶지 않았던 것 같다.

이유는 일본인이 좋아하는 맛과 향을 가진 녹차를 만들고 싶었기 때문이다. 일본인은 감칠맛(우마미)을 좋아한다. 감칠맛을 내는 찻잎 속 주 성분은 아미노산이다. 그런데 뜨거운 솥에서 살청하고 건조하면 위에서 설명한 메일라드 반응에 의해 아미노산이 줄어들고 감칠맛 또한 감소하게 된다. 그 대신 구수한 맛과 향이 발현된다.

또 하나는 마른 찻잎 색상 때문이다. 앞에서 소엔이 개발한 센차 가공법을 청제전차제법靑製煎茶製法이라 부른다고 했다. 차에서 식물스럽고 야채스러운 맛을 선호하는 만큼 일본인은 외형에서도 녹색을 선호한다. 바늘 모양의 깔끔한 외형도 그 취향의 연장선에 있다고 볼 수 있다.

그런데 메일라드 반응은 맛과 향뿐 아니라 찻잎을 약한 회록색으로 전환시키는 작용도 한다. 이것은 앞에서 설명한 내용이다.

결국 소엔이 증청법과 호이로 건조법을 택한 이유는 맛과 색상에 있어서 소비자인 일본인의 취향을 고려해서였다. 여기에서 호이로를 개발한 소엔의 독창성이 두드러지는 것이다. 증청 과정을 지난 축축하고 엉킨 찻잎을 건조하고 유념할 수 있는 방법 혹은 도구가 바로 호이로였기 때문이다.

차에서 (혹은 식품에서) 맛과 향을 분리하는 것은 현실적이지도 않고 큰 의미도 없다. 그럼에도 설명을 위해 분리해보자면, 우리나라 녹차는 향에 주안점을 두고 일본녹차는 상대적으로 맛에 주안점을 둔다고 말할 수도 있다. 그리고 이것이 두 나라의 녹차 가공법에 그대로 반영되어 있다.

6. 기계화로 인한 일본녹차의 변화

식물스럽고 야채스러운 맛을 선호하고 짙은 녹색 찻잎을 선호하는 일본인 취향은 차 가공의 기계화로 더욱더 충족될 수 있게 되었다. 위조 과정이 짧아졌기(혹은 거의 없어졌기) 때문이다.

비록 짧은 위조 시간이지만 이 시간 동안 약하나마 산화가 일어나고 이로 인해 엽록소가 검은색 색소인 페오피틴으로 전환이 시작된다. 다만 시간이 너무 짧아 녹색만 약간 엷어지는 수준에만 이른 것이 우리나라 녹차가 상대적으로 황록색·회록색을 띠게 되는 이유 중 하나임을 앞에서 설명했다.

따라서 찻잎을 채엽 당시의 녹색으로 유지하기 위해서는 위조 과정이 짧을수록 좋다. 하지만 우리나라 솥 덖음 방식에서는 채엽한 찻잎을 짧은 시간이나마 시들리기 할 수밖에 없다. 바로 솥에 넣어서 살청하기에는 찻잎이 드세고 부피가 크기 때문이다. 하지만 증청 방식에서는 이런 시들리기 과정이 없어도 된다. 어차피 뜨거운 수증기가 찻잎의 드셈도 죽이고 부피도 줄여주기 때문이다.

관련 자료에 보면 기계화 이전 일본녹차의 마른 잎 색상은 지금보다는 다소 녹색 정도가 약했다고 한다. 우리나라 녹차 정도는 아니겠지만 지금보다는 황록색을 띠었다는 뜻이다. 기계화 이전 일본녹차 가공 과정을 찍은 사진을 보면 아궁이 위에 놓인 솥에서 물이 끓고 그 위에 체를 받치고 찻잎을 증청했다.

이 방법으로는 짧은 시간에 많은 양을 처리할 수 없다. 따라서 기계화 이전 일본녹차 가공에서는 채엽한 찻잎을 증청하는 데 걸리는 시

기계화 이전의 일본녹차 가공 모습

간 때문에(채엽 과정에서도 그리고 차밭에서 증청하는 곳까지 옮겨오는 데도 지금과는 달리 시간이 더 걸렸다) 원하지 않을지라도 자연적인 위조가 짧은 시간이나마 진행될 수밖에 없었다.

그러나 현대식 증청 기계는 짧은 시간에 엄청난 양을 처리할 수 있다. 뿐만 아니라 차밭에서 기계로 빠른 속도로 채엽해서 트럭에 싣고 증청하는 곳까지 오는 데도 시간이 거의 소요되지 않는다. 진정한 의미에서 채엽 즉시 증청이라는 말이 맞다고 할 수 있다. 따라서 거의 대부분 생산자는 짧은 시간의 자연스런 위조 과정조차 없이 차를 가공할 수 있다. 이로 인해 마른 찻잎 색상은 과거보다 훨씬 더 선명한 녹색을 띠게 되었다.

기계화로 인한 획일화의 단점

찻잎 색깔뿐만 아니라 기계화 이전의 어쩔 수 없는 짧은 위조 과정은 자연스럽게 약하나마 미묘한 새로운 맛과 향도 발현시켰다. 생산자마다 가공 시간이 다를 수밖에 없었기에 이들이 생산한 녹차의 맛과 향도 조금씩 차이를 보였다.

기계화 이후에는 이 차이마저 거의 없어져 녹색 찻잎에 야채스럽고 식물스러운 맛 그리고 우마미가 강하게 발현되는 차별 없는 녹차가 된 것이다.

대량 생산, 대량 소비를 위한 관점에서는 좋을 수도 있다. 하지만 개성 있는 다양한 녹차를 즐기고자 하는 진짜 차 애호가들은 이런 맛과 향의 획일화에 안타까움을 토로하고 있다.

9장
일본녹차, 더 깊은 이해를 위해

1. 후카무시센차深蒸煎茶

센차용 찻잎을 증청하는 데 걸리는 시간은 보통 30~40초 정도다. 이보다 훨씬 긴 60~120초 정도 증청하여 만드는 센차가 있다. 깊게 증청한다는 뜻으로 후카무시센차深蒸煎茶라고 부른다.

후카무시센차는 1960~1970년대 시즈오카의 마키노하라牧之原 지역에서 개발되었다. 평원 지역으로 일조량이 많은 마키노하라에서 재배되는 차나무의 찻잎은 크고 두꺼운 편이었다. 이 찻잎으로 만든 센차는 떫은맛이 강했다. 오랜 경험에 의해 이 지역 차농들은 증청 시간을 늘리면 떫은맛이 줄어든다는 것을 알아냈다.

증청 즉 증기살청蒸氣殺靑은 찻잎 속에 있는 효소의 기능을 불활성화시키는 것이 주목적이다. 이 목적만 달성할 수 있다면 가능한 짧은 시간 안

에 마치는 것이 좋다. 그래야만 찻잎 자체의 맛과 향이 그대로 보존된다. 좋은 조건에서 잘 재배된 어린 찻잎 속에는 맛과 향을 좋게 하는 성분이 많으니 이것을 잘 보존하기 위해서는 당연히 짧은 증청이 좋다.

짧은 증청을 거친 고급 센차는 연한 황색 수색과 깔끔한 명도를 가진다. 그리고 품종이나 테루아 영향, 차광 같은 특별한 재배법에서 오는 독특한 맛이나 향을 가지고 있어 음용자의 섬세한 미각을 만족시킨다. 따라서 짧은 증청이 오랫동안 일본 센차 생산에서 주된(표준) 방법이었다.

하지만 이런 생산 방법에 적합한 좋은 찻잎으로 만든 녹차는 생산량이 적고 가격 또한 비싼 편이다. 일상에서 편하게 마실 수 있는 녹차는 아니다.

맛과 향의 특징

마키노하라 지역처럼 일조량이 많은 지역에서 재배된 찻잎은 충분한 광합성으로 오히려 찻잎 속에는 쓰고 떫은맛을 내는 성분이 더 많다(광합성 양과 차 성분 관련해서는 7장 '맛차' 편을 참조). 이 찻잎을 짧게 증청하면 이 성분들 역시 그대로 보존된다.

증청 시간이 길면 찻잎은 열기에 오래 노출되고 수분 또한 찻잎에 깊이 스며든다. 찻잎은 아주 부드럽고 흐느적거리는 상태가 되어 이어지는 4단계 유념을 거치는 동안 더 잘게 부숴지게 된다.

이 방법으로 완성된 센차를 우리면 미세한 입자들이 차 속에 부유하면서 수색은 짙은 녹색을 띤다. 입안에서 느껴지는 바디감도 아주 풍성해져 떫은맛은 줄어들고 감미로운 맛이 강해진다. 녹색이 짙을수록 맛은 더 감미롭다. 게다가 찻잎 조각들도 같이 마시니 건강에도 좋다. 뿐만 아니라 찻잎 크기가 작으니 우러나는 속도도 빠르다. 고품질 녹차를 만들기에 적합하지 않은 다 자란 잎이나 니반차二番茶, 산반차三番茶 시기에 채엽한 찻잎 등으로도 가공해 생산량을 늘릴 수 있고 가격 또한 저렴하다. 이런 점들은 일상에서 편하게 마시기 위한 녹차에 있어서는 아주 큰 장점이다. 이로 인해 심증법은 개발 이후 점점 더 인기를 얻어 생산량이 크게 늘어났다. 물론 고품질 녹차에서 느낄 수 있는 강한 향이나 깔끔한 뒷맛 같은 매력이 없는 것은 감안해야 한다.

▲ 후카무시센차. 긴 증청 시간으로 찻잎이 약해져 가공 과정 동안 미세하게 분쇄된다.

찻잎 가루가 우린 차 속에 부유하면서 수색이 탁하고 또 찻잎 가루가 잔 아래 가라앉는 모습 또한 우리나라 녹차 음용 관점에서 보면 선호되지 않을 수도 있다. 우리나라는 솥에서 덖는 덖음 녹차 방식이므로 일본과는 가공 방식이 전혀 다르다. 그리고 센차도 짧게 증청한 것은 수색이 우리나라 녹차와 비슷하고 아주 깔끔하다. 그러니 일본 후카무시센차를 우리나라 녹차 평가 기준으로 보기보다는 아주 편하게 마시는 일상음료로 볼 필요가 있다.

일본녹차 대부분은 후카무시센차

시즈오카에서 처음 개발된 이유도 있겠지만 일조량이 많고 햇빛이 강한 기후 영향으로 시즈오카 지역은 거의 다 심증법을 사용한다. 시즈오카에서 후카무시센차로 현재 가장 유명한 곳은 가케가와掛川로 첫 개발지인 마키노하라 서쪽으로 바로 인접한 지역이다.

앞에서 본 것처럼 심증법의 원래 목적은 평지 지형에서 장시간 햇빛에 노출된 찻잎의 떫고 쓴 맛을 완화시킬 목적으로 개발되었다. 하지만 이후 다양한 연구 결과 후카무시센차의 장점도 많이 밝혀졌다.

후카무시센차. 심증전차라고 표시되어 있다.

이로 인해 현재는 시즈오카 외에도 가고시마를 포함한 규슈, 미에, 교토 지역까지 일본 전역에서 후카무시센차를 생산한다. 아주 고급 센차를 제외한 대부분 센차가 심증법으로 생산된다고 볼 수 있다. 심지어 후카무시센차보다 더 길게 증청하는 스페셜 후카무시센차도 있다.

이런 까닭에 후카무시센차를 반차, 호지차 같은 일본녹차의 한 종류로 보기보다는 심증법이라는 변형된 가공법이 적용된 모든 녹차로 보는 것이 맞을 것 같다. 저렴한 가격에 일반적으로 마시는 대부분의 일본녹차가 이에 해당된다. 센차와는 달리 후카무시반차라는 말을 사용하지 않는 것은 거친 잎으로 만드는 반차는 대부분 심증법을 사용하기 때문이다

후카무시센차를 우릴 때 주의사항은 다관의 거름망 형태다. 우리나라에서 사용하는 일반 다관의 경우는 차를 따를 때 작은 찻잎이 거름망을 막는 불편함이 종종 있다. 후카무시센차에 적합한 다관은 촘촘한 금속망으로 된 거름망이 다관 내부 전체를 거의 다 감싸고 있는 것이 좋다. 그래야만 따르기가 쉽다.

후카무시센차용 다관

2. 신차新茶는 왜 센차일까?

필자가 평소 온라인으로 일본녹차를 구입하는 곳에서 5월 중순경 광고 메일이 하나 왔다. 메일 제목은 "2021년 신차가 입고되었다Shincha 2021 is now in stock!" 주요 내용만 간추려 보면 다음과 같다.

"신차는 채엽 직후 판매하는 우리의 특별한 센차 이름이다. 신선하고 강한 향이 특징인 신차는 우리가 연중 판매하는 센차와는 다르다. 이 차는 초여름 몇 달 동안 재고가 있을 동안만 판매된다."

신차를 우리나라 경우에 대입해보면 햇차에 해당된다. 햇차 혹은 햇녹차를 국어사전에서 보면 '당해에 새로 딴 녹차'라고 정의되어 있다. 하지만 햇차라는 용어를 1년 내내 사용하기보다는 보통은 봄 혹은 초여름까지 사용하면서 갓 생산한 것을 강조하는 경우가 더 많다. 실제로 국어사전에는 '햇'이라는 접사에 '당해에 난'이라는 뜻뿐만 아니라 '얼마 되지 않은'이라는 뜻도 있다고 밝혀져 있다. 따라서 햇차는 올해에 만든 차라는 의미보다는 만든 지 얼마 되지 않은 차라는 의미가 더 강하다. 햇병아리가 갓 태어난 병아리를 의미하듯이.

신차의 정의

일본 신차도 우리나라와 비슷하게 사용되어 이치반차 시즌 중에서도 이른 시기에 채엽한 찻잎으로 만들고 또 만든 지 얼마 되지 않았다는 걸 의미하는 경우가 많다. 위 광고 문구 내용을 유추하면 신차(햇차) 특유의 맛과 향은 생산 후 몇 개월 내에만 제대로 즐길 수 있다는 것을 뜻한다.

신차는 우리나라 햇차에 해당된다.

하지만 명확한 개념은 없고, 판매하는 곳마다 품질이나 또 처음 판매하는 시점이 다를 수밖에 없다. 일본의 최남단인 가고시마의 첫 채엽 시기와 시즈오카의 첫 채엽 시기가 다르고 당연히 첫차가 나오는 시점도 다르기 때문이다. 그렇지만 맛과 향이 강하고 바디감도 강하다는 특징은 공통으로 갖고 있다.

교쿠로와 맛차의 신차

그런데 앞서의 메일에서 왜 신차로 '센차'만 판매한다고 말했을까. 교쿠로와 맛차는 왜 신차로 판매하지 않을까?

여기에는 두 가지 이유가 있다. 첫 번째는 같은 지역(우지면 우지, 가고시마면 가고시마에서도)이라도 차광 재배를 하는 교쿠로와 맛차는 찻잎 성장 속도가 상대적으로 느릴 수밖에 없다. 따라서 노지에서 재배되어 햇빛을 충분히 받는 센차용 차나무가 첫 채엽이 빠르고 신차 출시도 제일 빠른 편이기 때문이다.

두 번째는 교쿠로와 맛차의 신차는 위에서 설명한 '만든 지 얼마 되지 않은'이라는 일반적인 신차(햇차) 개념과는 좀 다르다.

일본에서 교쿠로와 맛차 경우는 생산한 지 몇 개월 지나 마시는 것이 전통이기 때문이다. 이른 봄에 생산해서 여름을 보내야만 거친 맛이 빠지고 맛이 깊어지면서 안정된다고 여긴다. 과거에는 큰 항아리 속에 맛차(정확히는 덴차)와 교쿠로를 함께 넣은 후(이 경우 따로 소분해서 포장하므로 두 차가 섞이지는 않는다) 밀봉해서 가을이 되기까지 높은 산이나 지하실 같은 시원한 곳에 저장했다고 한다. 근래 들어서는 항아리 대신 냉장 상태로 보관하는 경우가 대부분이다.

물론 햇 교쿠로의 신선한 향, 부드럽고 감미로운 맛을 즐기고자 하는

봉해 놓았던 항아리를 열고 차를 쏟아내는 모습

차와 교쿠로를 분리해서 밀봉해 놓은 상태

일부 애호가도 있기 때문에 신차 교쿠로Shincha Gyokuro를 판매하기도 한다. 하지만 설명한 이유로 센차만큼 일반적이지는 않다.

개봉다회

요즘도 일본에서는 10~11월 무렵이 되면 개봉다회[신메노차지(新芽の茶事)]가 곳곳에서 열린다. 봄에 봉해놓았던 항아리를 개봉하여 속에 든 덴차를 분쇄해 맛차로 대접하는 모임이다. 항아리를 개봉할 때 나는 향이 매우 신비로워 말로는 묘사할 수 없을 정도라고 한다. 기회가 된다면 필자도 한번 경험해보고 싶다.

3. 차를 우리는 물 온도와 이를 통해 본 일본녹차의 특징

녹차는 끓인 후 조금 식힌 물루 우린다고 알고 있는 분이 많다. 반면 홍차는 펄펄 끓인 물로 우려야만 한다. 녹차는 끓인 물을 식혀 낮은 온도에서 우려야 맛있고 홍차는 펄펄 끓인 100도씨에 가까운 물로 우려야 맛있다는 뜻이다.

차 종류에 따라 우리는 물 온도가 달라야만 하는 까닭은 무엇일까? 녹차는 조금 식힌 물로 우려야 맛있는 이유는? 그리고 녹차는 종류와 상관없이 모두 다 식힌 물에 우려야만 하는 것일까?

찻잎 속 성분이 맛과 향 좌우

차 종류와 상관없이 차의 맛과 향에 영향을 미치는 찻잎 속 중요 성분은 폴리페놀(카데킨), 아미노산(테아닌), 카페인, 당, 색소, 지방성분 등이다. 인간이 느끼는 맛Flavor은 인간이 느끼는 향과 상호작용을 통해 통합적으로 인지되는 것이기 때문에 맛과 향을 따로 분리한다는 것은 사실 의미가 없다. 설명을 위해 굳이 분리한다면 차의 맛Taste에 더 큰 영향을 미치는 것이 카데킨과 테아닌, 카페인이고 향Aroma에 더 큰 영향을 미치는 것은 색소와 지방성분이다.

완성된 찻잎 속에 들어 있는 위 성분들(차 종류에 따라서, 그리고 같은 종류 차라도 차나무 품종이나 테루아, 가공법 등에 따라 성분 구성비는 다르다)이 물에 우

갓 채엽한 찻잎의 성분 구성

수분
75~80%

고형물질
20~25%

물에 녹지 않는 고형물질

지용성 고형물질
카로틴
비타민 E
엽록소

불지용성 고형물질
섬유소
단백질

수용성 고형물질
카데킨
아미노산
카페인
당류
미네랄
펙틴
비타민 B1, B2, C, P, U
사포닌
불소
플라보노이드

려져 나온 것이 차가 된다. 따라서 어떤 성분이 어떤 비율로 우려져 나오느냐에 따라서 맛과 향이 달라진다. 차를 우리는 물 온도는 찻잎 속에 들어 있는 성분들이 우려져 나오게 하는 데 영향을 미친다. 결국 펄펄 끓는 뜨거운 물로 우리거나(홍차) 식힌 물로 우리는(녹차) 것은 물 온도를 통해 우려져 나오는 성분을 조절하겠다는 뜻이다. 그리고 홍차에는 뜨거운 물, 녹차에는 식힌 물이 각각의 맛과 향을 최상으로 하는 성분을 추출한다는 뜻이기도 하다.

물 온도에 따른 성분별 추출 비율 차이

맛에 주로 영향을 미치는 카데킨, 카페인, 테아닌 중 테아닌은 온도에 관계없이 잘 우러난다. 반면 카데킨, 카페인은 낮은 온도에서는 잘 우러나지 않고 높은 온도일수록 잘 우러난다.

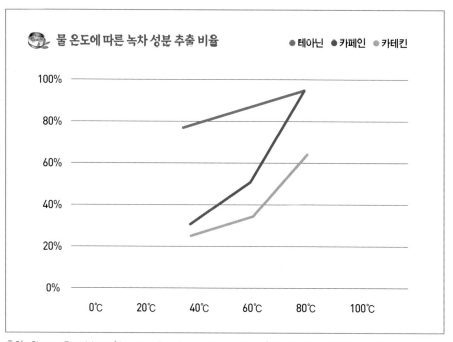

출처 : Simona Zavadckyte, 《Japanese Tea–Comprehensive Guide》, Kindle Direct Publishing Service, 2017.

홍차는 100도씨에 가까운 아주 뜨거운 물에 우려 가능하면 카데킨, 카페인, 테아닌을 충분히 우러나게 해 이들의 조화된 맛을 즐긴다. 그리고 실제로 이렇게 우려야 대체로 맛있다. 녹차는 물 온도를 낮춰서 카데킨과 카페인 추출은 되도록 줄이고 테아닌 위주로 추출한다.

우린 차에서 카데킨은 떫은맛, 카페인은 쓴맛, 테아닌은 감칠맛으로 대표된다. 결국 낮은 온도에서 녹차를 우리는 것은 떫은맛과 쓴맛을 줄이고 감칠맛을 극대화하겠다는 목적이다.

떫은맛과 쓴맛은 단어의 뜻으로만 보면 다소 부정적으로 와닿겠지만 우리가 먹고 마시는 음식과 음료에서 이들은 매우 중요한 역할을 한다. 커피가 떫은맛과 쓴맛은 없이 달기만 하다면? 맥주가 떫은맛과 쓴맛이 없고 달기만 하다면? 일반적으로 맛있는 차 혹은 잘 우린 차는 카페인의 쓴맛과 카데킨의 떫은맛, 테아닌의 감칠맛이 잘 조화된 것이다.

그렇다면 녹차에서는 왜 특히 감칠맛을 선호하는가? 우선 감칠맛이 어떤 맛인지 먼저 알아보자.

감칠맛의 발견

인간이 느끼는 단맛, 쓴맛, 신맛, 짠맛을 네 가지 기본 맛이라고 정의한 사람은 약 2300년 전 그리스 철학자인 아리스토텔레스다.

반면 감칠맛은 비교적 최근에 발견되어 추가된 새로운 맛이다. 1908년경 일본 화학자인 이케다 기쿠나에池田菊苗가 기존 네 가지 맛 이외에 일본인이 좋아하는 새로운 맛을 찾아내고 이를 감칠맛[일본어로 우마미(旨み)]이라 불렀다. 아미노산 성분인 글루탐산으로 인한 것

우마미(감칠맛)를 소개한 책

으로 일본인이 즐겨먹는 맑은 해조류 국에서 흔히 느낄 수 있는 맛이다.

거의 100년이 지난 2000년경 세계 학계에서 이 감칠맛을 마침내 새로운 맛으로 인정하여[영어로 (Savory Taste)] 현재는 다섯 가지를 인간이 느끼는 기본 맛이라고 받아들이는 추세다.

우리나라에서도 양념이 적절하게 잘 조화되어 음식이 맛있을 때 감칠맛이 난다고 표현한다. 하지만 사람마다 느끼는 감칠맛에 대한 느낌은 매우 모호해서 구체적으로 어떤 맛이라고 정의 내리기는 쉽지 않다. 혹은 일본어로 우마미를 우리말로 감칠맛이라고 표현하지만 일본인이 말하는 우마미가 우리나라 사람들이 의미하는 감칠맛과 같은지조차도 사실 불확실하다.

어쨌거나 이 감칠맛을 발견한 사람이 일본인인 것에서도 알 수 있지만, 일본인은 이 감칠맛에 대한 선호가 특이하게 강하다.

이 선호가 녹차에도 반영되어 일본인은 대체로 감칠맛 나는 녹차를 좋아한다. 그러다보니 찻잎 재배나 가공 과정에서도 차광 재배나 증청법 등 감칠맛을 강조하는 방법을 택하고(찻잎에 아미노산 성분이 더 많아지도록 혹은 줄어들지 않도록 하기 위해) 우릴 때도 이 감칠맛이 더 발현되도록 물 온도를 상당히 낮춘다. 낮은 물 온도에서 카테킨과 카페인이 덜 우러나오는 것을 이용하여 감칠맛이 두드러지게 하는 것이다.

센차나 교쿠로 같은 일본녹차에서는 감칠맛을 분명히 알 수 있다. 고품질 일본녹차에서 뚜렷이 느낄 수 있는 공통적인 맛이 있기 때문이다. 그런데 일본녹차 수업 중에 고품질 일본녹차(센차)나 교쿠로를 낮은 물 온도에서 감칠맛이 두드러지게 우리면 수강생들 반응이 긍정적인 것만은 아니다. 일부는 느끼하다고까지 표현한다.

음식에서 느껴지는 감칠맛(주관적이고 모호하기 때문에)은 우리나라 사람들도 좋아할지 모르지만 마시는 차에서 독립적으로 뚜렷이 느껴지는 감칠맛은 우리나라 사람들이 다 선호하는 것은 아니라는 뜻이다.

한국 사람은 구수한 맛을 좋아한다

많은 자료에 따르면 우리나라 사람들이 선호하는 것은 구수한 맛으로 누룽지에서 나는 약간 탄 맛이 배인 듯한 맛이다. 감칠맛과 구수한 맛은 어떻게 보면 아주 멀리 떨어져 있다.

다소 논란이 있을 수 있지만 현재 우리나라 녹차 전통은 일본 영향을 강하게 받았다는 주장도 많다. 식힌 물에 우리는 방법 또한 일본 영향을 받았다고 여겨진다.

하지만 위에서 설명한 것처럼 일본녹차는 감칠맛 중심으로 찻잎을 재배·가공해서, 감칠맛이 두드러지게 할 목적으로 낮은 온도에서 우린다.

반면 우리나라 녹차는 일본과 다르게 고온의 솥에서 살청과 건조까지 하는 덖음 녹차이자 초청 녹차다. 찻잎 재배법도 일본식과 다르게 감칠맛에 초점이 맞춰져 있지도 않다. 따라서 한국 녹차를 일본식으로 식힌 물로 우린다고 해서 일본녹차에서 나는 정도의 감칠맛이 발현되는 것은 아니다. 더구나 앞에서 언급했듯이 한국인은 음식 속에 조화된 감칠맛과는 달리 녹차에서 두드러지는 감칠맛 자체에 대한 선호가 그렇게 높지도 않다. 덖음 녹차 특유의 구수한 맛을 더 좋아한다.

모든 녹차를 낮은 온도에서 우릴 필요는 없다

우리나라 녹차의 맛과 향을 더 잘 즐기기 위해서는 끓인 물로 바로 우려야 한다는 주장이 근래 들어서 점점 더 힘을 얻고 있다. 그리고 이렇게 우린다고 해서 감칠맛이 없는 것은 아니다. 두드러지기보다는 다른 성분과 조화를 이루는 것이다.

맛과 향에 대한 선호는 개인에 따라 다 다르지만 일본인이 식힌 물로 우리는 이유를 이해한다면 굳이 우리나라 녹차를 그들과 같은 방법으로

우릴 필요는 없을 것 같다

따라서 모든 녹차를 식힌 물로 우릴 필요는 없고 일본식으로 재배·가공해서 만든 녹차에만 해당된다고 보면 된다. 일본녹차 중에서도 대표라 할 수 있는 센차는 섭씨 80도 전후로, 차광 재배를 통해 감칠맛을 극대화시킨 교쿠로는 섭씨 50~60도 정도로 물 온도를 더 낮춘다. 반면에 일본녹차 중 유일하게 우리나라 스타일의 덖음 녹차인 가마이리차는 일본인도 오히려 섭씨 90도 이상의 뜨거운 물에 우린다.

차마다 우리는 물 온도는 다르다

싹으로만 만든 백차인 백호은침은 물 온도를 상당히 낮춰 우린다. 하지만 향을 중시하는 대부분의 우롱차는 펄펄 끓인 물로 우리는 경우가 많다. 차 종류에 따라서 물 온도가 다른 까닭은 그 차에서 얻고자 하는 맛과 향의 특징이 다르기 때문이다.

🍵 일본녹차 종류별 우리는 방법

차의 종류	잎의 양	물의 양	온도	우리는 시간
센차	4g	200c	80℃	40초
가부세차	4g	200c	70℃	60초
교쿠로	5g	90c	50~60℃	2분 30초
가마이리차	4g	200c	90~98℃	40초
호지차	4g	200c	90℃	60초
우롱차	4g	200c	90~98℃	40초
와코차(일본홍차)	4g	200c	90~98℃	90초
유기농 녹차	4g	200c	90~98℃	40~60초
맛차	1.25g	70c	80℃	휘저음

출처 Tyas Sosen,《The Story of Japanese Tea》, THE TEA CRANE PUBLISHED RESOURCES, 2019.

정리하면 차의 맛과 향은 찻잎에서 우려져 나온 성분에 좌우되고 찻잎 속 다양한 성분이 우려져 나오는 데는 물 온도가 중요한 역할을 한다.

따라서 그 차의 맛과 향을 가장 잘 발현시킬 수 있는 물 온도를 선택하면 된다. 애매할 때는 펄펄 끓인 물로 우리는 편이 좋다. 대체로는 성공한다.

4. 일본 다관 규스急須

녹차를 우리는 데 사용하는 다관茶罐을 일본에서는 총칭해서 '규스'라고 부른다. 영어로 티포트Teapot, 우리말로 찻주전자로 부르듯이 일본어로는 규스라고 부른다는 뜻이다. 보통은 우리나라에서 녹차를 우릴 때 사용하는 것과 같은 옆 손잡이 형태가 일반적이다. 하지만 일본에서 사용되는 규스는 손잡이 위치에 따라 네 종류로 구분할 수 있다.

요코테규스橫手急須(옆손잡이)

주둥이와 손잡이가 90도 각도로 되어 있어 상대와 마주 보고 앉아서 따르기가 편하다. 한 손으로 다루기도 편리하고 여러 잔에 적은 양을 빨리 배분하기도 용이하다. 이런 장점들로 규스를 대표하는 형태로 가장 널리 사용된다.

우시로테규스後手急須(뒷손잡이)

일본뿐 아니라 전 세계적으로 가장 널리 사용되는 형태다. 유럽 등 서양에서 홍차를 우릴 때 주로 사용한다. 중국 자사호도 뒷손잡이다.

우와테규스上手急須(윗손잡이)

주전자 모양으로 크기(용량)가 큰 편이다. 그래서 많은 양을 우릴 때 편리하다. 요코테나 우시로테는 주로 도기나 자기로 만드는데 반해, 우와테규스는 도기, 자기뿐만 아니라 유리, 금속 등 다양한 재질로 만들어진다. 특히 손잡이 재질은 몸체 재질과 상관없이 아주 다양하다.

손잡이 없는 규스

두 종류로 나뉜다. 호힌寶瓶은 교쿠로 같은 고급 차를 석은 양 우릴 때 적합하다. 외형은 중국 개완과 비슷한데 차를 따르는 주둥이가 툭 튀어나온 것이 다르다. 교쿠로(같은 고급차) 우리는 물 온도가 낮은 편이라 손으로 직접 잡기에도 부담이 없다. 주둥이도 넓어 우린 차를 빨리 따를 수 있어 우리는 시간도 쉽게 조절할 수 있다. 손잡이 없는 또 다른 규스는 시보리다시絞り出し로 불리는데 호힌에 비해 지름이 크고 키가 낮다. 가장 큰 차이는 거름망 유무다. 호힌은 거름망이 있어 작은 찻잎도 우릴 수 있지만 시보리다시는 거름망이 없어 큰 찻잎을 우리는 데 주로 사용한다. 차를 따를 때 뚜껑이 찻잎을 잡아주는데 키 작은 개완과 비슷하다고 보면 될 것 같다.

대체로는 옆손잡이 형태를 가장 많이 사용하지만 차의
종류나 취향에 따라 다양한 규스를 사용한다. 대체로 규
스 용량은 270밀리리터 정도 되지만 더 작은 것도 있다.
네 종류 안에서도 형태나 컬러 등이 다양하다.

▲ 호힌

또 하나 중요한 것은 거름망이다. 일본녹차에는 후카무
시센차를 포함하여 찻잎 입자가 아주 작은 녹차가 많다.
이런 찻잎을 우릴 경우 규스 내부에 있는 자체 거름
망은 시각적으로는 예쁘긴 하나 찻잎이 그냥 통
과하거나 막히는 경우가 많다. 그래서 금속으로
만든 아주 촘촘한 거름망이 내장된 규스를 많이
사용한다.

▲ 시보리다시

요코테규스의 기원

일본인이 가장 많이 마시는 녹차가 센차이고 센
차를 우릴 때 가장 많이 사용하는 것은 옆손잡이
형태라 일본에서는 규스라 하면 흔히 옆 손잡이
형태를 의미한다고 봐도 무방하다. 그리고 우리
나라에서도 녹차를 우릴 때는 대부분 이 형태의 다
관을 사용한다.

▲ 고후요의 제자인 아오키 모쿠베이
(1767~1833)가 만든 요코테규스

반면 중국에서는 차를 우릴 때 자사호나 개완을 주로
사용하고 옆손잡이 형태의 다관은 거의 사용하지 않는
다. 이 옆손잡이 다관은 언제쯤 어디서 처음 만들어진 것일까? 우리나라
에서는 언제부터 이것을 사용한 것일까?

옆손잡이 형태 다관의 원형은 중국 당나라 무렵 만들어졌다고 보는 것

이 일반적이다. 하지만 당시에는 차를 우리는 용도는 아니었고 물을 끓이거나 술을 데우는 용도였다. 이 옆 손잡이 형태의 기물이 한반도와 일본에도 전해졌다. 중국에서 전해진 이 옆 손잡이 형태 기물을 차를 우리는 용도로 처음 사용한 사람은 1756년경 일본인 고후요高芙蓉라고 알려져 있다. 1756년이면 1738년 나가타니 소엔이 개발한 새로운 스타일의 센차가 확산되는 시기와도 겹친다.

옆 손잡이 형태의 기물이 차를 우리는 다관 용도로 우리나라에 처음 전해진 것은 일제강점기 시절이지만, 우리나라에서 직접 제작한 시기는 1970년 전후로 알려져 있다. 물론 다양한 의견이 있는 것도 사실이다. 어쨌거나 1970년대 무렵은 거의 맥이 끊어지다시피 했던 우리나라 녹차 음용 관습이 극히 일부 계층에 의해서이긴 했지만 다시 시작된 시기이기도 하다.

맺는말

이 책을 쓰면서 내내 고민했던 부분이 '일본다도'에 관한 내용을 포함시킬지 여부였다. 우리나라에서 일본녹차는 마시는 음료로써보다는 다도茶道라는 하나의 의식儀式 혹은 문화文化로서 더 많이 알려져 있고 그만큼 관심도 많기 때문이다. 이런 이유로 필자 아카데미에서 진행되는 '일본녹차' 수업에는 '일본다도 역사와 정립과정'이라는 주제도 들어있다.

하지만 우리나라 녹차문화, 영국 홍차문화, 일본 다도 상관없이 차문화라는 것은 일단 차를 마시는 분위기에서 생기는 것이다. 정작 차를 마시지 않으면서 차문화만 이야기하는 것은 물 속에는 들어가지 않고 교실에서 수영을 가르치고 배우는 것처럼 공허하다.

마시기 위해서는 어떤 종류의 차가 있고 이들의 특징은 무엇이며, 어떻게 구분한 것인지 혹은 어떻게 가공한 것인지를 아는 것이 중요하다. 맛있게 우리는 법도 물론 중요하다. 따라서 이 책에서는 일본녹차를 마시려고 할 때 우선 궁금해질 수 있는 것에 먼저 집중하기로 했다. 혹은 이 책을 읽고 일본녹차의 맛과 향이 궁금해져서 마시기 시작해도 좋을 것이다.

하지만 여전히 아쉬움은 있다. '일본다도' 전반에 대해서 체계적으로 정리된 자료도 없고 알려진 것은 대부분 '센노리큐' 수준에 머문 경우가 많기 때문이다.

일본다도의 출발점이 된 '서원차書院茶' 그리고 서원차를 확립시키는 데 큰 공헌을 한 도보슈同朋衆 '노아미能阿彌', 노아미에게 배운 서원차에 잇큐一休선사로부터 전해 받은 선사상禪思想을 결합시켜 일본다도의 출발점을 만든 '무라타 주코村田珠光', 일본의 베니스로 알려진 오사카 남쪽 도시 사카이(사카이 또한 일본다도 발전에 매우 중요한 역할을 한 곳이다)의 상인으로 무라타 주코의 다도를 발전시키고 다다미 4장 반 크기의 다실을 확립시킨 '다케노 조오武野紹鷗', 다케노 조오의 제자로써 일본다도를 통합하여 체계화한 '센노리큐千利休'. 이렇게 내려오는 일본다도 역사와 이의 정립 과정도 매우 흥미롭다.

남의 나라 문화 그것도 우리나라에 영향을 많이 끼친 문화에 대해 부정확하게 알고 있으면 그 문화의 종주국으로부터 무시당하기 쉽다.

우리나라에 '일본다도'를 공부하는 분도, 그리고 전문가도 많은 것으로 알고 있다. 빠른 시간 내 알기 쉽게 정리된 좋은 책이 나오기를 바란다.

용어정리

격불擊拂

미세한 가루로 분쇄한 찻잎을 찻사발에 넣은 후 뜨거운 물을 붓고는 대나무로 만든 찻솔(다선, 茶筅)로 빠르게 휘저어서 거품을 내는 행위.

위조 / 탄방

갓 채엽한 찻잎은 75~80% 정도가 수분으로 이루어져 있다. 다음 단계인 유념 이전에 이 수분을 어느 정도 제거하는 과정이다. 가공하는 차 종류에 따라서 위조 방법과 걸리는 시간, 목적이 다르다. 정통홍차는 15시간 전후, 녹차는 3~4시간 전후의 짧은 위조를 하거나 생략하는 경우도 있다. 이 짧은 위조를 탄방攤放이라고도 한다. 일본녹차는 이 위조 과정이 거의 없다. 일본녹차 특징 중 하나다.

살청

찻잎 속에 들어있는 산화효소를 뜨거운 열이나 증기를 이용해 불활성화시키는 과정이다. 이 과정을 거친 녹차는 녹색 잎을 가지며, 거치지 않는 홍차는 산화되어 적갈색 잎으로 변한다. 녹차 가공 시 중국이나 우리나라에서는 뜨거운 솥에서 덖는 방법을, 일본에서는 뜨거운 증기에 쐬는 증청법을 주로 사용한다.

유념

표면이 거친 곳에 찻잎을 두고, 압력을 가하면서 손으로 비벼 찻잎에 상처를 입히고 찻잎 내부의 즙이 스며 나오게 하는 동작이다. 요즈음엔 주로 기계를 사용한다. 홍차 경우는 산화를 촉진시키는 역할도 하며 살청과정을 거친 녹차는 찻잎의 형태를 만들거나 잘 우러나게 하는 역할을 한다. 일본녹차에는 바늘모양 외형을 만들기 위한 특이한 유념 동작이 있다.

산화

유념을 통해 찻잎 세포막이 부서지고 폴리페놀(카데킨)과 산화효소, 산소가 접촉하면서 찻잎이 적갈색으로 변화해 가는 과정으로 오랫동안 발효로 잘못 알려져 왔다. 내적으로는 찻잎의 생화학적 변화가 완성되는 과정이기도 하다. 산화차인 홍차에 있어 핵심과정이고, 부분산화차인 우롱차에서도 매우 중요하다. 위조와 산화는 비록 정도는 약할 지라도 채엽과 동시에 시작되므로 비산화차인 녹차 혹은 약산화차인 백차에도 미세한 맛과 향의 차이를 가져온다.

정통가공법Orthodox Method
채엽-위조-유념-산화-건조-분류 단계로 이루어진 홍차 가공법. 19

세기 중반 아삼에서 영국인들이 홍차를 생산하기 시작하면서 정형화 시킨 방법이다. 1930년대 CTC 가공법이 개발되면서 정통가공법으로 생산하는 비율은 줄었지만 여전히 고급 홍차는 정통가공법으로 생산한다. 스리랑카, 중국, 터키, 인도 다즐링 지역이 주로 정통가공법으로 생산한다.

CTC

자르고(Cut ,Crush) 찢고(Tear) 둥글게 뭉치기(Curl)의 약자로 1930년대 아삼에서 개발된 가공 방법이다. 위조된 찻잎은 날카로운 칼날이 새겨진 금속 원통 사이에서 으깨어진 후 회전하는 큰 원형 통에서 둥글게 뭉쳐진다. 원래는 거친 찻잎을 활용하기 위해 사용되었으나 티백 수요가 늘어나면서 그 진가를 인정받게 되었다. 저렴한 생산비용에 대량생산이 가능해져 홍차 산업에 혁명을 가져왔지만 불가피하게 품질은 희생될 수밖에 없었다. 인도, 케냐를 포함한 아프리카 국가들 대부분은 CTC 가공법으로 생산한다.

테아닌

찻잎 속에 들어있는 아미노산의 대부분은 테아닌 형태로 존재한다. 우린 차의 바디감에 영향을 미치며 일본인이 선호하는 감칠맛을 내게 하는 성분이다. 찻잎 재배, 가공 과정, 우리는 방법에서 이 감칠맛이 두드러지게 하는 것이 일본녹차 특징 중 하나다.

차를 마실 때 경험하는 정신적, 육체적 긴장 완화 역시 테아닌 성분으로 인한 것이다. 뿐만 아니라 함께 우러난 카페인이 인체에 흡수되는 속도를 지연시켜주는 역할과 카페인의 날카로운 효과를 상쇄시키는 효능도 있다.

카데킨

찻잎 속에는 폴리페놀이 들어 있고 그 대부분을 차지하는 것이 카데킨이다. 차의 (쓰고) 떫은맛을 내는 주성분이다. 또한 차의 주요한 건강상 효능 중 하나로 언급되는 항산화에 핵심적인 역할을 한다. 산화 과정이 없는 녹차에는 카데킨이 대부분 그대로 존재하나, 홍차에서는 산화 과정 중 카데킨이 테아플라빈, 테아루비긴이라는 또 다른 항산화 물질로 전환된다.

테아플라빈 / 테아루비긴

홍차의 핵심 성분이다. 홍차 생산 과정 중 유념 후 산화가 진행되는 동안 찻잎 속 카데킨 성분이 1차적으로 테아플라빈으로 전환되는데, 이것이 차를 오렌지색 계통의 금색으로 변화시키고 다소 투박하고 떫은맛을 내게 한다. 산화가 더 진행되면 테아플라빈이 테아루비긴으로 한 번 더 전환되고 적색/구릿빛 수색에 부드럽고 감미로운 맛을 낸다. 중요한 것은 산화 속도가 느리면 느릴수록 맛이 더 부드러워 진다는 것이다.

덖음녹차 / 초청녹차

200~300도 되는 고온의 솥에서 살청殺靑 하는 녹차. 중국이나 우리나라에서 주로 생산된다. 구수한 맛과 향이 특징이다. 솥에서 살청한 후 솥에서 건조까지 마치는 경우가 많아(솥에서 건조한 녹차를 초청녹차라 한다) 덖음녹차는 대부분 초청녹차이기도 하다.

증청녹차 / 증제녹차

증제蒸製녹차라고도 한다. 증청蒸靑은 증기살청蒸氣殺靑을 줄인 말로 뜨거운 증기로 살청한 녹차를 뜻한다.

솥 살청/증기살청은 단순하게 살청 방법 차이지만 이로 인해 위조 과정의 유무, 건조 과정의 차이로 연결되어 녹차의 맛과 향에 아주 큰 영향을 미친다. 대부분의 일본녹차는 증청녹차다. 우리나라에서도 녹차를 대량생산 하는 기업체 등에서는 주로 증청녹차를 생산한다.

복제종Clonal varieties

맛 과 향이 뛰어난 품종의 차나무를 동일한 속성을 유지하면서 대량으로 번식시키기 위해서는 꺾꽂이(삽목)방식을 사용한다. 이렇게 자라난 차나무를 복제종이라 한다. 엄마 나무와 모든 특질이 똑같은 것이 장점이지만, 한 가지 질병에 똑같이 취약한 단점도 있다. 현재 주요 차 생산국의 차나무는 거의 다가 복제종이라고 보면 된다.

엽저

우리고 난 후의 찻잎을 말한다. 엽저를 통해서 찻잎의 종류나 상태, 산화 정도 등 차에 관한 많을 정보를 알 수 있다. 따라서 차를 품평할 때 귀중한 자료가 된다.

 **색인**

참고문헌

오카쿠라 덴신, 이동주 옮김, 『차 이야기』, 기파랑, 2012.

정동효, 『차의 화학성분과 기능』, 월드사이언스, 2005.

츠노야마 사가에, 서은미 옮김, 『녹차문화 홍차문화』, 예문서원, 2001.

정민·유동훈 『한국의 다서』, 김영사 , 2020.

정동주, 『다관에 담긴 한.중.일 차문화사』, 한길사, 2014.

일본사학회 지음, 『아틀라스 일본사』, 사계절, 2014.

김시덕, 『일본인 이야기- 1.전쟁과 바다』, 메디치, 2019.

김시덕, 『동아시아, 해양과 바다가 맞서다』, 메디치, 2015.

최낙언, 『맛이란 무엇인가』, 예문당, 2014.

아카세가와 겐페이, 이정환 옮김, 『침묵의 다도, 무언의 전위』, 안그라픽스. 2020.

박훈, 『메이지 유신은 어떻게 가능했는가』, 민음사, 2014.

야마모토 겐이치, 권영주 옮김, 『리큐에서 물어라』, 문학동네, 2019.

가와이 아쓰시, 원지연 옮김, 『하룻밤에 읽는 일본사』, 알에이치코리아, 2020.

유홍준, 『나의 문화유산 답사기 일본편 1,2,3,4』 창비.

와타나베 미야코치, 송혜진 옮김, 『차의 맛』, 컴인, 2019.

나스메 소세키, 송태욱 옮김, 『풀베개』, 2019.

공가순·주홍걸 편저 신정현·신광헌 옮김, 『운남보이차과학』, 구름의 남쪽, 2015.

짱유화, 『차과학 길라잡이』, 도서출판 삼녕당, 2015.

센 겐시츠, 박전열 옮김, 『일본 다도의 마음』, 월간 다도, 2006.

신소희·정인오 『차의 관능평가』 이른아침, 2018.

진제형, 『중국차 공부』 이른아침, 2020.

하네다 마사시, 이수열·구지영 옮김, 『동인도회사와 아시아의 바다』, 선인, 2012.

아사다 마노루, 이하준 옮김, 『동인도회사』, 파피에, 2004.

Tyas Sosen, *The Story of Japanese Tea*, THE TEA CRANE PUBLISHED
RESOURCES, 2019.

Simona Zavadckyte, *Japanese Tea- Comprehensive Guide*, Kindle Direct
Publishing Service, 2017.

Yong-su Z H E N *Tea- Bioactivity and Therapeutic Potential*, A TAYLR
AND FRANCIS BOOK, 2019.

Tony Gebely, *Tea, A user's guide*, Eggs and Toast Media, 2016.

Ling Wang, *Tea and Chinese Culture*, LONG LIVER PRESS, 2005.

Wu Juenong, translated by Tony Blishen, *An illustrated Modern reader of "The
Classic of Tea"*, Shanghai Press and Publishing Development Company,
Ltd. 2017.

Harney·Michael, *The Harney&Sons Guide to Tea*, THE PENGUIN PRESS,
2008.

James Norwood Pratt, *Tea Dictionary*, Tea Society, 2010.

Heiss·Mary Lou & Heiss·Robert J., *The Story of Tea*, TEN SPEED PRESS,
2007.

Heiss·Mary Lou & Heiss·Robert J., *The Tea Enthusiast's Handbook*, TEN
SPEED PRESS, 2010.

Griffiths·John, *Tea, A history of the drink that changed the world*, Andre
Deutsch, 2011.

Dubrin·Beverly, *Tea Culture*, Penn Imagine Publishing, 2010.

일본 녹차 수업

초판 1쇄 발행 2022년 3월 28일
초판 2쇄 발행 2023년 10월 30일

지 은 이   문기영 ⓒ 2022

펴 낸 이   김환기
펴 낸 곳   도서출판 이른아침
주   소   경기 고양시 덕양구 삼원로 63 아크비즈센터 927호
전   화   031-908-7995
팩   스   070-4758-0887
등   록   2003년 9월 30일 제313-2003-00324호
이 메 일   booksorie@naver.com

ISBN 978-89-6745-134-9 (03590)